中国芍药

品种图志

郭先锋　李清道　袁　涛　王　雁　王莲英　著

中国林業出版社
CFPH China Forestry Publishing House

‘大富贵’

中国芍药
品种图志

图书在版编目（CIP）数据

中国芍药品种图志 / 郭先锋等著. -- 北京 : 中国林业出版社, 2025. 6. -- ISBN 978-7-5219-3135-8

Ⅰ. S682.102.92-64

中国国家版本馆CIP数据核字第20258P5L97号

Zhongguo Shaoyao Pinzhong Tuzhi

责任编辑：贾麦娥

书籍设计：北京美光设计制版有限公司

出版发行：中国林业出版社

（100009，北京市西城区刘海胡同7号，电话010-83143562）

网　　址：https://www.cfph.net

印　　刷：河北京平诚乾印刷有限公司

版　　次：2025年6月第1版

印　　次：2025年6月第1次印刷

开　　本：889mm×1194mm　1/16

印　　张：22

字　　数：456千字

定　　价：288.00元

序言

我国传统花卉中，“花相”芍药以绰约之姿、多彩之色，自古至今一直深受人们的喜爱，承载着深厚的文化底蕴和民族情感。如今，《中国芍药品种图志》的出版，不仅是对这一传统名花的全面梳理，也成为观赏园艺界和植物学界的一大幸事。本书专注于记录芍药科（Paeoniaceae）芍药属（*Paeonia* L.）下草本类群中的芍药（*P. lactiflora*），力求详尽展示这一珍贵植物的多样性。

芍药之美，不仅在于其外形，更在于其品种的繁多与独特。我国是芍药栽培与品种选育的摇篮，经花师傅与科研人员的精心培育，数百个令人赞叹的品种诞生了。它们有的花瓣繁复层叠，宛如锦绣；有的色泽艳丽多彩，仿若天边云霞；每一款都独具特色，风姿绰约。芍药不仅美化了中华大地的自然风貌，自古以来也是青年男女传递爱情的象征，静静诉说着中华民族对美好生活不变的向往与追求。

在这样深厚的历史背景与文化底蕴之上，《中国芍药品种图志》一书应运而生，此书凝聚了多位园艺学者的心血与智慧，在全国性调查和系统整理的基础上，描述了 393 个芍药品种，旨在为读者提供一份既全面又准确的品种图鉴。书中不仅有详尽的文字描述，还配有精美的图片，生动展现了每一品种的独特魅力，力求让每一位读者都能深刻体会到芍药之美。

《中国芍药品种图志》的出版，不仅是中国芍药资源的一次全面清点与展示，更是对中华优秀传统文化的传承与弘扬。作为一本详尽记录、描述中国芍药品种多样性的著作，它必将成为广大园艺爱好者和植物学者不可或缺的参考资料，并激发更多人去探索和欣赏花卉之美。愿此书能像盛开的芍药一样，绽放出更为绚烂的文化光彩，持续传递人们对自然之美的热爱与追求。

2025 年 3 月 4 日

‘云中鹤’

前言

芍药是我国的传统名贵花卉，享有“花相”之美誉，在园林应用、切花生产中占有十分重要的地位，其经济效益、生态效益和社会效益显著。我国芍药品种资源丰富，但长期以来，人们疏于对这些品种资源的整理，极大地影响了芍药从品种资源优势到经济优势的高效转化。2017 年，经时任中国花卉协会牡丹芍药分会会长王莲英教授的提议和督促，我们几个作者开始调查并搜集、整理我国芍药品种的性状数据，困于疫情，时至今日，《中国芍药品种图志》始将付梓。

本书全面系统地介绍了我国的芍药野生种质资源、芍药栽培品种发展简史、芍药品种资源概况、品种分类、品种性状记载标准及命名规则，着重描述了我国 393 个品种的主要形态特征，表述准确简练，图文并茂，科学性和实用性强。

本书由中国花卉协会牡丹芍药分会牵头，组织了山东、河南、北京等地具有良好理论基础和丰富实践经验的专家，大家分章著述，共同讨论、集中修改。在编写过程中，得到了山东菏泽，河南洛阳，甘肃兰州、临洮等地芍药生产单位和工作人员的积极协助，在此一并表示真诚谢意！特别感谢洛阳国际牡丹园张淑玲高级工程师，洛阳王城公园范崇霞高级工程师，洛阳农科院高凯工程师，菏泽曹州牡丹园赵信勇高级园艺师、刘爱青高级工程师，菏泽百花园孙文海先生，菏泽市佳卉花木种植专业合作社孙桂芬女士，临洮县兴望牡丹产业有限责任公司曹佰平先生的大力支持！虽然我们倾心尽力，但限于著者水平，疏漏之处在所难免，敬请广大科研和生产人员批评指正。

著者

2024 年 9 月

目录

各 论

‘大藕’

总论

第一章
芍药科芍药属芍药野生资源概况

芍药科（Paeoniaceae）为单属（芍药属，*Paeonia*）植物，有 30 余个种。芍药泛指该科该属中的草本植物。世界范围内，约分布有 25 种野生芍药。

第一节　我国芍药野生资源

我国共有 8 种野生芍药，包括草芍药（*P. obovata*）、芍药（*P. lactiflora*）、美丽芍药（*P. mairei*）、多花芍药（*P. emodi*）、白花芍药（*P. sterniana*）、川赤芍（*P. veitchii*）、窄叶芍药（*P. anomala*）和块根芍药（*P. intermedia*）。其中，美丽芍药、川赤芍、白花芍药为我国特有种。

一、野生芍药的分布概况

除华南地区外，其他地区均有野生芍药的分布，共涉及 23 个省（自治区、直辖市）（表 1）。根据表 1 可知，各个野生种在我国的分布区域不一，分布最广的为草芍药，见于 19 个省（自治区、直辖市）；其次为芍药，见于 10 个省（自治区、直辖市）；再次为川赤芍和美丽芍药，

野生芍药在中国各地的分布

野生种	学名	黑龙江	吉林	辽宁	北京	河北	山西	内蒙古	陕西	甘肃	宁夏	青海	新疆	河南	湖北	湖南	浙江	安徽	江西	重庆	四川	贵州	云南	西藏	总计
草芍药	*P. obovata*	+	+	+	+	+	+	+	+	+	+			+	+	+	+	+	+	+	+	+			19
美丽芍药	*P. mairei*						+		+	+											+	+	+		6
芍药	*P. lactiflora*	+	+	+		+	+	+	+	+	+										+				10
多花芍药	*P. emodi*																							+	1
白花芍药	*P. sterniana*																							+	1
川赤芍	*P. veitchii*						+		+	+		+									+		+	+	7
窄叶芍药	*P. anomala*												+												1
块根芍药	*P. intermedia*												+												1
总种数		2	2	2	1	2	4	2	4	4	2	1	2	1	1	1	1	1	1	1	4	2	2	3	

分别见于 7 个和 6 个省（自治区、直辖市）；其他 4 个野生种均相对窄域，分布于西部地区，其中，窄叶芍药和块根芍药仅分布于北疆，分布区域互有重叠，而多花芍药和白花芍药则仅分别狭窄地分布于西藏东南、西南地区，分布区域并无交叠。

概览 8 种芍药在我国的分布区域轮廓，北缘为东北的黑龙江伊春、西北的新疆阿勒泰（约 48° N）（分别分布有草芍药、窄叶芍药，并分别向俄罗斯远东地区、中亚和西伯利亚地区延伸），南端可至西藏吉隆（约 28° N）（主要分布有多花芍药，该种在尼泊尔和印度的北部也有分布），西起新疆伊宁（约 80° E，主要分布有块根芍药，该种向西延伸），东到黑龙江萝北（约 131° E，主要分布有草芍药，该种向北、向东延伸）。

根据记载与统计，8 种野生芍药中，除芍药具有低于海拔 800m 的野生分布区域，其他各个野生种的分布海拔均高于 800m，其中，白花芍药、多花芍药、川赤芍在海拔 3000m 以上有分布；8 个野生种中，除白花芍药和窄叶芍药的垂直分布变幅较小外，其他各个种的垂直分布变幅均较大，尤以芍药、草芍药、川赤芍和块根芍药为甚。

广袤的分布区域在很大程度上反映了我国野生芍药适应性强的习性。

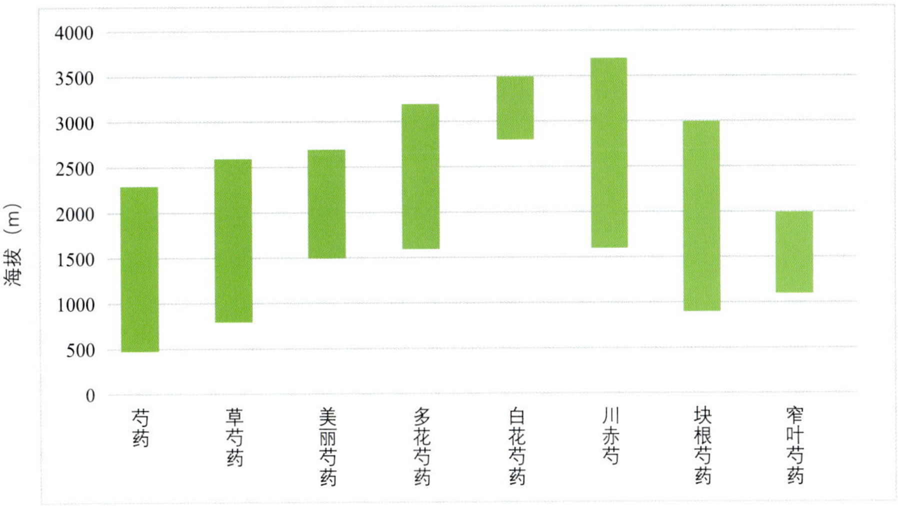

我国野生芍药的垂直分布

二、野生芍药种类

我国分布有 8 个野生种。

1. 草芍药

学名：*Paeonia obovata* Maxim. [in Mém. Acad. Imp. Sci. St.-Pétersbourg Divers Savans 9: 39 (1859)]

形态特征：株高 30~70cm。二回三出复叶，小叶为倒卵形或宽椭圆形，全缘，侧生小叶比顶生小叶小。单花顶生，白色或粉红色，花形为浅杯状，心皮 2~3 枚，无毛。蓇葖果成熟时其果皮反卷呈红色，正常种子为球形，种皮蓝黑色，败育种子种皮鲜红色，甚为艳丽。花期 5~6 月中旬；果期 7~9 月。2*n*=10，20（二倍体、四倍体）。

分布区域：是中国野生芍药中分布最广的一个种。除华南地区因气候炎热缺乏野生分布外，其他各个地区均有分布。北缘为黑龙江伊春，南界为贵州大沙河国家级自然保护区、重庆金佛山、湖南张家界、四川峨眉山区，西起四川峨眉山，东至黑龙江萝北。多生长在海拔 800~2600m 的山坡草地、林下、林缘及山沟中。除我国外，该种在朝鲜半岛、俄罗斯远东、日本也有野生分布。

草芍药

a. 生境（河南伏牛山）；b. 根；c. 种子；d. 植株

1a. 毛叶草芍药

学名：*Paeonia obovata* subsp. *willmottiae* (Stapf) D.Y.Hong [in Higher Pl. China 4: 560 (2000)]

—*Paeonia obovata* var. *willmottiae* (Stapf) Stern [in J. Roy. Hort. Soc. 68: 128 (1943)]

—*Paeonia willmottiae* Stapf [in Bot. Mag. 142: t. 8667 (1916)]

形态特征：该亚种与草芍药的主要区别：其叶背面密生长柔毛或茸毛；花白色；染色体为四倍体。

分布区域：分布于秦岭沿线山区。生长在海拔 1500~2000m 的山坡林下阴湿处。

毛叶草芍药
a. 植株；b. 花；c. 蓇葖果

2. 美丽芍药

学名：*Paeonia mairei* H. Lév. [in Bull. Géogr. Bot. 25: 42 (1915)]

形态特征：植株较高大，0.5~1m。二回三出复叶，侧生一回复叶的小叶常再深裂为两小叶状或三小叶状，因此小叶数多大于 12；小叶长圆状卵形至长圆状倒卵形，顶端尾状渐尖，全缘，两面无毛，叶脉常下陷。花单生茎顶，粉红色或红色；心皮 2~3 枚，多密生黄褐色短毛。种子椭球形，种皮蓝黑色。花期 4~5 月；果期 6~8 月。2*n*=20（四倍体）。

分布区域：主要分布于西南和西北地区，见于云南东北部、贵州西部、四川中南部、宁夏银川、陕西和甘肃的秦岭山地，生长在海拔 1500~2700m 的山坡林缘阴湿处。

美丽芍药
a. 植株；b. 叶（下部小叶再裂）；c. 根

3. 芍药

学名：*Paeonia lactiflora* Pall. [in Reise Russ. Reich. 3: 286 (1776)]

—*Paeonia albiflora* Pall. [in Fl. Ross. 1(2): 92 (1789)]

形态特征：株高 40~70cm。下部茎生叶为二回三出复叶，上部茎生叶为三出复叶；小叶狭卵形、椭圆形或披针形，边缘具白色骨质细齿，为该种特有形态，明显区别于其他野生芍药。花数朵，生茎顶和叶腋，有时近顶端叶腋处花芽发生败育，仅顶端 1 朵开放；花瓣 9~13 枚，倒卵形，白色；心皮常 4~5 枚，无毛。种子椭球形，种皮黑色。花期 5~6 月；果期 8 月。2*n*=10（二倍体）。

分布区域：在我国野生分布较广，主要见于东北、华北等地，分布于海拔 480~2300m 的山坡草地、山沟草地、山地灌丛中或杂木林的林缘及林下。除我国外，朝鲜、日本、蒙古及西伯利亚也有分布。

芍药

a. 植株；b. 植株（示开花、结实）；c. 根；d. 生境（内蒙古阿尔山）

4. 多花芍药

学名：*Paeonia emodi* Wall. ex Royle [in Ill. Bot. Himal. Mts.: 57 (1834)]

形态特征：株高 50~70cm。下部叶为二回三出复叶，上部叶 3 深裂或全裂；顶生小叶近 3 全裂或 2 裂，侧生小叶不裂或不等 2 裂，小叶或裂片狭长圆形至长圆状披针形。花 2~4 朵生于茎顶和叶腋，花白色；心皮 1~2 枚，密生淡黄色糙伏毛。种子椭球形，种皮蓝黑色。2*n*=10（二倍体）。

分布区域：见于西藏南部，生长在海拔 1600~3200m 的山坡上。除我国外，该种在印度、巴基斯坦、尼泊尔也有分布。

多花芍药

a. 植株；b. 种子

5. 白花芍药

学名：*Paeonia sterniana* H.R. Fletcher [in J. Roy. Hort. Soc. 84: 327 (1959)]

—*Paeonia emodi* subsp. *sterniana* (H.R.Fletcher) Halda [in Acta Mus. Richnov., Sect. Nat. 4: 30 (1997)]

形态特征：株高 50~90cm。下部叶为二回三出复叶，上部叶 3 深裂或近全裂；顶生小叶 3 裂至中部或 2/3 处，侧生小叶不等 2 裂，裂片再分裂，小叶或裂片狭长圆形至披针形，叶裂片窄于 2cm，全缘。单花顶生，花白色；心皮 3~4 枚，无毛。蓇葖果成熟时其果皮反卷呈鲜红色。2*n*=10（二倍体）。

分布区域：分布区域狭窄，仅见于西藏东南部（察隅、波密），生长在海拔 2800~3500m 的山地林中。

白花芍药

6. 川赤芍

学名：*Paeonia veitchii* Lynch [in Gard. Chron., ser. 3, 46: 2 (1909)]

形态特征：株高 30~80cm。二回三出复叶，小叶羽状分裂，裂片披针形，全缘，无毛。花顶生及腋生，2~4 朵，有时叶腋的 1~3 朵花不发育，仅顶花开放；花粉红色或紫红色，偶见白花；心皮常 2~3 枚，密生黄色茸毛。种子椭球形，较小，种皮蓝黑色。花期 5~6 月，果期 7 月。$2n$=10（二倍体）。

分布区域：分布于陕西秦岭、山西五台山、甘肃中南部、青海东部、四川西部及西藏东部，生长在海拔 1600~3700m 的林缘沟谷、疏林下、草坡上及灌丛中。

川赤芍

a. 植株；b. 蓇葖果和种子；c. 根；d. 生境（甘肃兴隆山）

7. 窄叶芍药（原新疆芍药）

学名：*Paeonia anomala* L. [in Mant. Pl. 2: 247 (1771)]

—*Paeonia sinjiangensis* K.Y. Pan (1979) [in Fl. Reipubl. Popularis Sin. 26: 603 (1979)]

形态特征：植株较高大。二回三出复叶，小叶羽状分裂，裂片披针形至线状披针形，全缘。常单花顶生，红色；心皮常 4~5 枚，光滑。种子椭球形，较小，种皮亮黑色。花期 6~7 月，果期 7~8 月。2*n*=10（二倍体）。

分布区域：分布于新疆北部阿尔泰山区，见于布尔津县、裕民县等地，生长在海拔 1100~2000m 的林下、林间空地、林缘或灌丛草地上。除我国外，该种在哈萨克斯坦东北部、蒙古北部、俄罗斯西伯利亚一带有分布。

窄叶芍药

a. 开花植株；b. 蓇葖果；c. 种子；d. 生境 1（新疆裕民）；e. 生境 2（新疆阿勒泰）

8. 块根芍药

学名：*Paeonia intermedia* C.A. Mey [in C.F.von Ledebour, Fl. Altaic. 2: 277 (1830)]

—*Paeonia anomala* L. var. *intermedia* (C.A.Mey.) B.Fedtsch. [in Beih. Bot. Centralbl. 18(2): 216 (1905), nom. superfl.]

形态特征：根块状。株高 50~70cm。二回三出复叶；小叶羽状分裂，裂片线状披针形至披针形。花单生茎顶，紫红色；心皮 2~3 枚，密被浅黄色柔毛。种子椭球形，种皮黑色。花期 5~6 月；果期 8 月。

分布区域：主要分布于新疆西北部阿尔泰及天山山区，生长在海拔 900~3000m 的林下向阳草坡或灌丛草地上。此外，该种从新疆向西北延伸至欧洲东部、俄罗斯西伯利亚及中亚地区、蒙古等，西北缘为俄罗斯科拉半岛。

块根芍药

a. 植株；b. 开花植株；c. 根（典型纺锤形）；d. 根（非典型纺锤形）；e. 生境（新疆伊犁）；f. 生境（新疆裕民）

三、野生芍药的保护

8 种野生芍药全部列入《中国物种红色名录》（汪松和解焱，2004），亟待科学保护，尤其是我国特有的美丽芍药、川赤芍和白花芍药，更应加强保护。目前，我国数个科研单位已经逐步进行了一些野生种的引种驯化和保护工作。例如，王莲英教授团队于 20 世纪 90 年代末即致力建设河南伏牛山芍药科迁地保护中心，目前已引种了除白花芍药之外的其他 7 种野生芍药，长势良好。这些野生种在引种地的花期均早于栽培芍药，是很好的早花育种亲本。不过，这些野生种在引种地往往面临着春季晚霜的严峻挑战。

美丽芍药受冻植株

a. 2018 年 5 月摄于河南伏牛山芍药科迁地保护中心；b. 2019 年 4 月摄于山东省药乡林场

第二节　国外芍药野生资源概况

国外原产20余种野生芍药，包括原产我国的5个种，即芍药、草芍药、窄叶芍药、多花芍药和块根芍药。除此之外，其他种分布在北美大陆及欧亚各国；其中，药用芍药、巴尔干芍药、细叶芍药、莫氏芍药、维氏芍药、大叶芍药在芍药栽培品种的形成中发挥了重要作用，这6个种中，前3个均开红花，后3个则均开黄花。

1. 药用芍药

学名：*Paeonia officinalis* L. [in Sp. Pl.: 530 (1753)]

形态特征：株高25~80cm。小叶深裂，裂片多数，11~130；长椭圆状披针形；叶表面绿色，无毛，叶背面稍被短毛。单花顶生，浅紫红色；花丝红色，花药黄色；柱头深红色；心皮2~3，密被白毛或光滑。2*n*=20（四倍体）。

分布区域：原产南欧及中亚（法国南部、意大利北部及希腊暖地），属暖地种。本种在欧洲栽培历史悠久。约12世纪末已见于庭园栽培，15世纪末时出现重瓣品种。种内单瓣品种如‘Mollis’，重瓣品种如‘Nordic Paradox’。

2. 巴尔干芍药

学名：*Paeonia peregrina* Mill. [in Gard. Dict., ed. 8: n.° 3 (1768)]

形态特征：植株30~70cm，在保加利亚等原产地，株高可达1m。茎光滑，全株无毛。小叶常深裂或全裂，裂片17~45枚，常超过27枚，裂片端部常再裂。单花顶生，红色，杯状；花丝红色或黄色；心皮常2~3，稀1或4，密被毛。2*n*=20（四倍体）。

分布区域：原产于欧洲巴尔干地区，故名（英文名Balkon peony）。在保加利亚，本种野生分布于黑海沿岸、保加利亚东北部、多瑙河流域、巴尔干山脉等地。多见生长于石灰质土壤。本种是珊瑚系列品种（如‘Coral Charm’）的野生亲本之一。

巴尔干芍药

3. 细叶芍药

学名：*Paeonia tenuifolia* L. [in Syst. Nat., ed. 10. 2: 1079 (1759)]

形态特征：株高 18~60cm。根纺锤形。小叶深裂为狭线形，极细，裂片宽度小于 8mm，134~340 片。单花顶生；紫红色；花瓣 8~10 枚，圆形；心皮 1~3，多为 2，疏被毛。$2n$=10（二倍体）。

分布区域：原产西欧到高加索（从高加索到巴尔干半岛，北部深入至乌克兰）。

本种已园艺化栽培，深红色重瓣品种较多，也有肉粉色品种。传统品种如‘Plena’（首次描述于 1838 年）、‘Rosea’。2010 年新培育发表的种内品种有‘Aunt Fritzi’‘Johann Szovits’‘Little Erna’‘Little Odin’‘Weisse Perle’等。

细叶芍药

4. 莫氏芍药

学名：*Paeonia mlokosewitschii* Lomakin [in Trudy Tiflissk. Bot. Sada 2: 282 (1897)]

—*Paeonia daurica* subsp. *mlokosewitschii* (Lomakin) D. Y. Hong [in Bot. J. Linn. Soc. 143: 146 (2003)]

形态特征：株高 60~70cm，茎光滑。小叶长椭圆形，长 9~12cm，灰绿色，叶柄及叶脉基部常呈红色。花单生，多为浅黄色花，有黄花芍药（golden peony）别称，又因其花色有时分化（如花瓣基部具有粉红晕），因此也常被戏称为莫莉女巫（Molly-the-Witch）；花径10~12cm，花瓣8枚；雄蕊深黄色；心皮2~4枚，被毛。喜光，耐半阴。2*n*=10（二倍体）。

分布区域：原产于阿塞拜疆、格鲁吉亚、达吉斯坦等高加索山脉中东部地区，又被称为高加索芍药（Caucasian peony）。1897年被Mlokosewitsch发现，1907年传入英国。

目前，该种至少参与了30余个新品种的形成。著名育种家桑德斯（Arthur Percy Saunders）于20世纪20~50年代，以之为亲本进行杂交培育，发表了20余个种间杂交品种，其中，'雅典娜'（'Athena'）、'星光'（'Starlight'）、'阳光'（'Sunlight'）、'有翼的维多利亚'（'Winged Victory'）等均为四交种（亲本还包括*P. lactiflora*、*P. officinalis* 和 *P. macrophylla*）。80年代之后，也陆续有更多杂交新品种发表，例如布瑞尔（Galen Burrell）于1995年和1998年共发表了'Anika''Danielle''Little Red Mloko''Sydney' 4个新品种。另外，最初由桑德斯以其作为父本杂交的新品种'时光旅人'（'Time Traveler'）（母本为 *P. emodi*）和'荣誉嘉宾'（'Honored Guest'）（母本为 *P. broteri*）于60年后由沃尔兹（Waltz）发表。

莫氏芍药

5. 维氏芍药

学名：*Paeonia wittmanniana* Hartwiss ex Lindl [in Bull. Soc. Imp. Naturalistes Moscou 21(II): 275 (1848), nom. illeg.]

—*Paeonia daurica* subsp. *wittmanniana* (Hartwiss ex Lindl.) D. Y. Hong [in Bot. J. Linn. Soc. 143: 147 (2003)]

形态特征：株高60~90cm，茎光滑。花单生，浅黄色；花瓣7；花丝红色，花药黄色；柱头紫红色；心皮2~4，被毛。2*n*=20（四倍体）。

分布区域：原产高加索南部。因在Abchasia（阿布哈兹）有分布，所以又被称为阿布哈兹芍药。

桑德斯曾以其为亲本与 *P. lactiflora* 杂交，在20世纪20~40年代发表了几个品种，如'Ballerina''Elizabeth Cahn''Green Ivory'。此外，法国人Lemoine和Arends等也以之为亲本，与 *P. lactiflora* 或 *P. peregrina* 进行杂交发表了数个品种。

维氏芍药

6. 大叶芍药

学名：*Paeonia macrophylla* (Albov) Lomakin [in Trudy Tiflissk. Bot. Sada 2: 282 (1897)]

—*Paeonia daurica* subsp. *macrophylla* (Albov) D. Y. Hong [in Bot. J. Linn. Soc. 143: 147 (2003)]

形态特征：本种与 *P. wittmanniana* 相近，唯该种为四倍体，其植株较高大，小叶较大，心皮光滑。小叶较大；花黄色；心皮光滑。$2n$=20。

分布区域：原产高加索中东部地区，1907 年传入英国。

桑德斯以本种为亲本，于 1925—1955 年间发表了 30 余个品种。此外，Hollingsworth 于 1996 年发表的‘Sunday Chimes’、Laning 和 Rogers 于 1990 年发表的‘Promenade’都是以本种作为亲本的杂交后代。

上述 6 个种在我国已有少量引种。需要说明的是，本书中所列的莫氏芍药、维氏芍药和大叶芍药这 3 个种，在洪德元院士近年著作中作为达乌里芍药（*P. daurica*）的“亚种”处理，本书仍按“种”对待。这些种长期以来被国内外园艺学家按“种”命名并利用。因此，本书的处理也有利于园艺工作者在查阅这些种在育种利用上的贡献。

第二章
我国芍药栽培品种发展简史

芍药在2500多年前的西周至春秋时代已见野生分布和药用记载，观赏栽培始于晋代，发展于唐代，鼎盛于宋代，明代及清初亦有较大发展。新中国成立后，芍药的栽培和利用得到了长足发展，尤其是近十几年来，芍药在我国各地的栽培空前兴盛。

芍药是栽培历史最为悠久的花卉之一。

宋代，虞汝明在《古琴疏》中曾记载有“帝相元年，条谷贡桐、芍药，帝命羿植桐于云和，命武罗伯植芍药于后苑”，根据此记载，芍药在夏代时即已经有引种栽培。

据《诗经》记载：“溱与洧，方涣涣兮！士与女，方秉蕳兮！……维士与女，伊其相谑，赠之以勺药”，可见，先民对芍药的认识和喜爱由来已久。

战国时期（公元前475—前221年），《山海经》问世，书中多处提到野生芍药的分布状况，如其中的《北山经》记载“绣山，其上有玉、青碧，其木多栒，其草多芍药、芎藭……”；其中的《中山经》更有“条谷之山……其草多芍药、亹冬”“勾檷之山……其草多芍药”“洞庭之山……其草多蓌、蘪芜、芍药、芎藭”的记载。对照古今地域名称来看，当时在华北、华中等地已有芍药广为分布。

战国末期，伟大诗人屈原在其所著《离骚》中，载有“畦留夷与揭车兮，杂杜衡与芳芷”。据《广雅疏》注释，留夷即挛夷，是芍药的别称。原诗句意即田里栽着一垄垄的芍药和揭车，套种着杜衡和白芷。说明芍药当时已作为药草被大量栽培。

综上所述，芍药早在西周至春秋时代就在华北、华中等地区广为引种、栽培。

芍药作为观赏栽培，最早的可靠记载见于晋代（265—420年）。当时西晋都城洛阳、东晋都城建康（今之南京一带）均为芍药的主要栽培中心。

此期，芍药的观赏栽培在宫苑庭园颇为兴盛，如《晋宫阁名》记有“晖章殿前，芍药花六畦”，诗人辛萧（其夫傅统为散骑常侍）的《芍药花颂》中则载有“晔晔芍药，植此前庭”；又如，清人顾祖禹在《读史方舆纪要·卷二十·南直二》中记载：“乐游苑在覆舟山南。晋之芍药园也。”《建康记》中载有“建康出芍药，极精好”。可见，西晋至南朝时期，从皇宫内苑到士族庭院，均已随处可见芍药的观赏栽培。

南朝齐人谢元晖在《直中书省》中记载有名句：“红药当阶翻，青苔依砌上”，描绘了芍药在庭园中傍阶栽植、花开时在青苔映衬下千娇百媚的美好意象，奠定了阶边芍药这一极易催生游园者产生诗情画意意境美的园林应用形式的审美基础。

唐代（618—907 年）对牡丹极为推崇，芍药相对遭受冷遇（“庭前芍药妖无格，池上芙蕖净少情。唯有牡丹真国色，花开时节动京城”），但上至宫苑相府、下至民间及寺庙，却也不乏观赏栽培，可从当时众多歌颂芍药的诗词中窥见一斑。

诗人吕温在《贞元十四年旱甚见权门移芍药花》中写道：“绿原青垄渐成尘，汲井开园日日新。四月带花移芍药，不知忧国是何人”，虽借花表达忧国忧民之心，但也从侧面反映了芍药为当时达官贵人所喜欢；诗人钱起在《故王维右丞堂前芍药花开，凄然感怀》中吟诵“芍药花开出旧栏，春衫掩泪再来看。主人不在花长在，更胜青松守岁寒”，尽管系借花抒情，但也描绘了芍药花习见的场景；孟郊《看花》则更是在首句直接道出芍药的广受欢迎：“家家有芍药，不妨至温柔”；柳宗元《戏题阶前芍药》诗曰：“凡卉与时谢，妍华丽兹晨。欹红醉浓露，窈窕留余春。孤赏白日暮，暄风动摇频。夜窗蔼芳气，幽卧知相亲。愿致溱洧赠，悠悠南国人”，赞美了芍药的绮丽多姿、芬芳多情；诗人韩愈在《芍药歌》（一本作《王司马红芍药歌》）吟有“丈人庭中开好花，更无凡木争春华。翠茎红蕊天力与，此恩不属黄钟家”，描绘了芍药不与世俗争俏的品质；元稹的一句“匠正琉璃瓦，僧锄芍药苗”看似轻描淡写，却也刻画出芍药在寺庙中栽植、备受爱护的情景。

宋代（960—1279 年）是芍药发展史上的鼎盛时期。此期，芍药备受百姓喜欢，其栽培和应用呈现如下特点：

第一，品种数量剧增，历史上最早的芍药专著出现。著名的芍药三谱（即 3 本芍药谱）先后由刘攽（成书于 1073 年）、孔武仲（成书时间不详）、王观（成书于 1075 年）著成，分别记载扬州芍药品种 31、33、39 个。此外，周师厚《洛阳花木记》（成书于 1082 年）记载洛阳当时有芍药品种 41 个。

第二，品种花型已经演化到相当高的程度，历史上最早的芍药品种分类方案于此期出现。由于品种增多，古人开始对品种进行归类并简单描述。王观《扬州芍药谱》中将芍药分为冠子、髻子、缬子、楼子、丝头、单叶、多叶、鞍子等 8 种花型，而周师厚则将芍药按花型和花色分为千叶黄花、千叶红花、千叶紫花、千叶白花和千叶桃花等 5 个类型。根据这些谱著可以看出，野生芍药经人类长期的引种驯化，已发生了明显的变异，重瓣品种的丰富自不必提，甚至还出现了与现今台阁类品种描述相似的品种，如王观的《扬州芍药谱》中提到‘叠香英’‘道妆成’品种，根据其形态描述，可将其归作台阁类品种之列。

第三，扬州、洛阳等地成为芍药新的栽培中心，并且栽培规模宏大。此期扬州芍药开始“名于天下，与洛阳牡丹俱贵于时”（孔武仲《芍药谱》序），“芍药之盛环广陵四五十里之间”，而朱氏芍药园“最为冠绝，南北二圃所种，几于五六万株，意其自古种花之盛，未之有也”（王观《扬州芍药谱》），开花时节，“自广陵南至姑苏，北入射阳，东至通州海上，西止滁和州，数百里间人人厌观矣”（刘攽《芍药花谱》）。除扬州外，洛阳、杭州等地均有一定的栽培规模，如前所述，《洛阳花木记》记载当时洛阳已有 41 个芍药品种；此外，咸淳《临安志》提到艮山门外范浦镇，多植此花，冠于诸邑。

第四，栽培技艺的总结日趋完善，许多技艺至今仍值得参考。如王观《扬州芍药谱》中，明确提到分株繁殖的时节、技巧及频率，“方九月十月时，悉出其根，涤以甘泉，然后剥削老硬病腐之处，揉调沙粪以培之，易其故土。凡花大约三年或二年一分；不分，则旧根老硬，而侵蚀新芽，故花不成就；分之数，则小而不舒；不分与分之太数，皆花之病也”；还提到裸根运输及异地种植时，应该“及时取根，尽取本土，贮以竹席之器，虽数千里之远，一人可负数百本而不劳。至于他州，则壅以沙粪，虽不及维扬之盛，而颜色亦非他州所有者比也”；花后管理时，则应“剪去其子”，使得“脉理不上行而归于根，明年新花繁而色润”。

第五，历史上最早的芍药插花展览于此期出现，并在佛事活动中、人体佩花中均有应用。《东坡志林》记载：“扬州芍药为天下冠，蔡繁卿为守，始作万花会，用花十余万支”，由此可见，扬州芍药不仅栽培兴盛，而且赏花上升到大规模的离体欣赏。同样，在北方的山东诸城一带，“东武旧俗，每岁四月大会于南禅、资福两寺，以芍药供佛。而今岁最盛，凡七千余朵，皆重跗累萼，繁丽丰硕”[苏轼《玉盘盂》，据说苏轼曾任密州（今诸城）知州两年]。此外，芍药也被百姓广为佩戴，“扬之人与西洛不异，无贵贱皆喜戴花，故开明桥之间，方春之月，拂旦有花市焉”（王观《扬州芍药谱》）。

元代（1206—1368年），社会经济衰退。同其他传统花卉一样，此期芍药栽培处于长期停滞不前的状态，关于芍药的文献记载也非常有限。

明清时期（1368—1911年），芍药栽培复又兴旺，在全国各地得到了普遍发展。此期，芍药栽培和应用呈现新的特点：第一，品种增多。据清人陈淏子于《花镜》（1688年）中整理的芍药品种目录，剔除雷同以后，共有88个，其中，黄色18品、深红色25品、粉色17品、紫色和白色各为14品。第二，北京、山东曹州（今菏泽地区）、安徽亳州成为新的栽培中心。据《析津日记》记载：芍药在“扬州遗种绝少，而京师丰台连畦接畛。倚担市者日万余茎，惜无好事者图而谱之”。清《古今图书集成》记载：“曹县：物产芍药，远自三代，……大约百余种”。清人刘开（1784—1824年）写诗描述亳州栽培芍药的盛况：“小黄城外芍药花，五里十里生朝霞。花前花后皆人家，家家种花如桑麻”，诗中小黄即亳州的别名；《亳州志》（1895年）则记载：“亳芍有药芍、看芍二种。药芍乡间以顷亩论，其花差小，亦不令其多开，恐妨根也。”可见当时亳州芍药种植面积很大。此外，明代时，芍药在江苏江阴也曾一度繁荣。时人王世懋在《学圃杂疏》中记载，续芳亭外“周遭悉种芍药……开时客皆蚁集，真堪续芳矣”；而根据《直省志书》记载，在河南鄢陵，山西和顺、汾西和临晋等地，山东昌邑、莱阳和登州等地，均有芍药栽培。第三，药用价值被突出整理。李时珍所著《本草纲目》对芍药别名、气味、药用配方等作了详细论述。山东曹州、安徽亳州均为重要药用芍药的栽培产地。

民国期间（1912—1949年），战火不断，社会动荡，芍药栽培陷入低谷，品种大量流失。

新中国成立后，芍药生产逐渐复苏，经历了恢复—受挫和破坏—繁荣发展的曲折历程。改革开放以来，呈现如下特点和趋势：

（1）新品种不断增加。1949年前保留下来的传统品种为50余个，包括‘大富贵’‘紫袍金带’‘桃花飞雪’等。2001年，中国花卉协会牡丹芍药分会对山东菏泽新培育的部分芍药品种进行了调查和登记，收录121个新品种。2004年，菏泽芍药产区遭遇严重洪涝灾害，导致一些已登录品种遗失，如‘红莲托金’‘意气风发’。可喜的是，在山东菏泽、河南洛阳、甘肃临洮、江苏扬州等地，生产单位或个人一直在不断开展实生选育、杂交选育等工作，至今已培育出近400个品种，极大地丰富了中国芍药品种群。

（2）切花市场空前兴盛。自2000年以来，每逢菏泽、洛阳等地举办牡丹芍药花会之际或国内举办园艺博览会之时，王莲英教授领衔插花艺术团队和芍药团队积极组织开展芍药插花展览、芍药切花品种评比，经过持续多年的努力，国内芍药切花市场逐渐兴旺，近几年更是涌现空前的切花芍药热潮。种植者不仅大量引种栽培国内优秀切花芍药品种，还大力从国外引种用以切花生产，不仅短期内迅速改善了我国芍药品种遗传背景相对单一的局面，而且极大地推动了我国芍药切花生产逐渐走向品种专用化和良种化的进程。

（3）随着芍药切花浪潮的涌起，芍药的应用、生产、加工和流通等均得到迅速发展。栽培产区方面，除前述的传统产区外，山西、陕西、四川、云南等地，均已有集约化的芍药栽培，或用作切花，或用以观赏，燎原之势，俨然形成。栽培模式方面，除传统的露地栽培外，还新发展了覆膜栽培、提前扣棚栽培、基于盆栽的温室内促成或抑制栽培等不同模式。许多种植单位开始采用水肥一体化栽培，并且改原先的密植为适度密植；对于一些易生芽的珍稀国外品种，还开发了嫁接繁殖方法。种植者将切花加工处理车间和冷库建立在田间地头，建立了采切、预冷、去叶、分级、清洗、预处理液处理、包装等一条龙的流水线，极大地缩短了加工进程，减少了损耗。在菏泽，还搭建了芍药拍卖中心，以保证切花产品的鲜活和优质。

（4）伴随国外优良品种的引入，国内芍药定向育种开始兴起。近年引进的国外品种中，不乏杂种芍药，如‘红色魅力’（‘Red Charm’）、‘珊瑚落日’（‘Coral Sunset’）等，其鲜艳的色泽、罕见的花色、粗壮的茎秆等性状深得消费者喜爱，也催生了我国更多的芍药育种人。一些科研团体、种植单位或个人开始利用进口品种作为亲本进行广泛杂交，已初见成效。

第三章

芍药栽培品种概况

一、品种来源及特点

栽培芍药由野生芍药经长期的自然选择和人工驯化及杂交培育而来。我国野生芍药共 8 个种。其中，多花芍药、白花芍药、窄叶芍药、川赤芍和块根芍药这 5 个野生种的叶裂片较多，明显有别于栽培芍药品种的全缘叶，并且，除川赤芍外，其他 4 个种均窄域分布，仅分布于西藏和新疆，与我国芍药品种的主要栽培区域缺乏重叠；其他 3 个野生种中，草芍药和美丽芍药的叶片虽然全缘，但两者的叶缘均无骨质细齿，且均一茎一花，与栽培芍药品种叶缘均具骨质细齿、一茎多花的特征相去甚远，加之，草芍药小叶倒卵形，美丽芍药叶脉下陷，也明显有别于栽培芍药的叶片特征；唯有芍药（*P. lactiflora*），不仅叶片全缘，而且其叶缘独具白色骨质细齿这一物种进化过程中人工选择压力小、相对保守的性状，且一茎多花，广域分布，与栽培品种一致。形态学证据表明，我国栽培芍药品种与芍药的亲缘关系最为接近，而与其他 7 个野生种关系疏远。孢粉学、分子标记等研究结果也相继支持了比较形态学研究结果。根据现有研究结果，芍药是我国栽培芍药品种的主要亲本来源。

中国芍药品种的主要特点：

（1）叶缘具有白色骨质细齿。

（2）多数一茎多花，茎顶和叶腋花蕾均极易成花。

（3）花型多样，重瓣性强，演化程度高。

（4）花色较为丰富。

（5）耐寒性强，但多数不耐夏季湿热。

叶缘具白色骨质细齿

一茎多花

a.‘擎天红’；b.‘大富贵’

花型丰富

上：‘紫莲望月’‘粉蓝娇娃’‘红升’‘富贵蓝’；中：‘金鸾轻舞’‘紫金阁’‘莲台’‘昆山霞光’‘西施粉’；下：‘黄金轮’‘粉池滴翠’

二、栽培分布与栽培类型

芍药为宿根花卉，依赖宿存于根颈的地下芽越冬，耐寒性强、耐热性较弱；在我国，除华南地区外，各地均有栽培。黄河流域地区栽培尤为广泛，栽培中心主要为山东菏泽，河南洛阳，甘肃兰州及临洮、临夏，北京丰台。此外，在长江流域的部分地区也不乏栽培，例如，江苏扬州在历史上曾是观赏芍药的栽培中心；安徽亳州、浙江磐安、四川中江、重庆垫江等地则是药用芍药的主要产区。

根据栽培用途，芍药主要有药用栽培、庭园栽培、切花栽培及种苗栽培等四种栽培类型。

1. 药用栽培

用于药用栽培的品种一般要求根部产量大且药用价值高。在我国，用于药用栽培的芍药主要见于 *P. lactiflora* 种内品种或类型，并因原产地不同而有不同品种类型，通常以其主要原产地命名。如原产于安徽亳州的统称为“亳芍”，而源自浙江杭州、磐安等地的则被称作“杭芍”，源自重庆垫江的被称为“垫江芍药”。值得注意的是，由于各地环境条件、繁殖方法以及市场流通情况等的差异，即使是同一原产地同一栽培类型中也会有诸多分化。比如，在安徽亳州的某些特定区域如十九里镇、十八里镇和五马镇，“亳芍”因其根部形态的差异而具有“线条型”“蒲棒型”和“鸡爪型”之别。

亳芍根加工后产品

亳芍栽培

2. 庭园栽培

主要以花色、花型兼美的品种为主，花型既可为饱满的重瓣或半重瓣型品种，也可为丰花的、瓣化程度低的品种。用以庭园栽培的品种对花枝的长度和挺直程度、花蕾绽口与否等无特殊要求。

目前，观赏芍药品种近 400 个。除 *P. lactiflora* 种内品种外，近些年，还从欧美国家大量引进杂种芍药品种，用以切花生产和庭园观赏。

庭园栽培之一

庭园栽培之二

庭园栽培之三

3. 切花栽培

所用品种多从庭园栽培品种进一步筛选而来，主要选用花枝长而硬直、花蕾不绽口、花型美观、水养期长、易栽培管理的品种。

芍药切花发展的初期，主要以‘杨妃出浴’‘桃花飞雪’‘玲珑玉’‘高杆红’‘天山红星’等我国自主培育的 *P. lactiflora* 种内品种为主。

近些年，除新培育一些切花品种如‘向天歌’外，还引进大量国外品种用以切花生产，这些新引进的品种包括：① *P. lactiflora* 种内品种，例如‘莎拉伯恩哈特’（‘Sarah Bernhardt’）、‘嘉年华’（‘Festiva Maxima’）、‘堪萨斯’（‘Kansas’）、‘美国小姐’（‘Miss America’）、‘天使脸颊’（‘Angel Cheeks’）、‘蒙斯·朱尔斯·艾利’（‘Monsieur Jules Elie’）；②杂种芍药，例如‘珊瑚魅力’（‘Coral Charm’）、‘珊瑚落日’（‘Coral Sunset’）、‘红色魅力’（‘Red Charm’）、‘御前表演’（‘Command Performance’）。

芍药切花产品（‘天山红星’）

芍药切花栽培（‘向天歌’）

4. 种苗栽培

指主要通过分株等无性繁殖方式来生产种苗的栽培。栽培品种常随市场行情不同等因素而变化。2012 年之前，主要以国内 *P. lactiflora* 种内品种为主；现今，引进的国外品种也越来越多地用以繁殖种苗以满足市场所需。此外，在安徽亳州等药用芍药生产基地，还常播种亳芍、杭芍等用以生产嫁接牡丹或芍药所用的砧木。

芍药种苗栽培

三、品种的选育与登录

1. 品种选育

放眼全球芍药种质资源，我国在芍药种质资源创新方面仍非常落后，缺乏花色新奇、一茎一花、耐热性强的品种。今后可引入并充分利用国际上已有的性状特异的芍药种质资源，加强国内外抗性芍药资源的评价和利用，争取使我国芍药种质跨上新台阶。品种创新的途径主要如下：

（1）实生选种　即利用芍药的天然异交特性，从实生后代中选择新品种。实生选种是我国芍药新品种获得的主要途径，方法简单。

（2）杂交育种　即人为地以基因型不同的种或品种进行杂交引起基因重组，对杂种苗通过有目标地选择培育，获得新品种。我国芍药人工杂交育种起步较晚，是未来品种创新的主要努力方向。杂交育种根据亲本关系的亲疏远近可分为近缘杂交和远缘杂交。芍药组内，近缘杂交主要在同种源内的品种间进行；远缘杂交则在种间进行，包括在不同种源起源的品种间、或品种与其他野生种间进行。

2. 新品种登录

新品种登录，一般是指行业协会为了规范和保护品种名称的专一性及其通用性而进行的对品种名称予以确认记载、对品种性状予以描述的行为活动。芍药品种登录主要由中国花卉协会牡丹芍药分会（Peony Branch of China Flower Association）在审定基础上进行登录。

该分会成立于 1984 年，是由牡丹芍药及相关行业的企事业单位和个人组成的机构。芍药品种审定和登录是分会的主要任务之一。审定和登录程序：由育种者提出申请，申请书包括新品种特性及育种过程等信息；分会品种审查委员会派专家进行现场审查，审查品种性状的新颖性、特异性、一致性和稳定性，并且要求开花植株达到一定的数量（10 株以上）；在此基础上择优收录，并进行社会公布，一般于专业媒体如《中国花卉报》进行发布。2018—2023 年间，协会共登录 22 个品种。

第四章
品种分类

芍药品种近400个，分类方法较多，过去常依据花朵的形态、花色或花期进行分类。近些年来，我国学者提出的花型分类方案在品种登录和生产实践中得到广泛应用；随着芍药用途的开发，生产上也常按照不同用途进行分类。

一、根据花色分类

花色分类法是一种非常直观的分类方法，肉眼即可分辨。根据花朵盛开初期自然花瓣和雄蕊瓣化瓣的颜色，可分为白色、黄色、粉色、粉蓝色、红色、紫色、紫黑色、绿色、复色等九大色系，同一色系内又常存在基于色相、饱和度及明度的不同变化。

1. 白色系

典型品种如‘白玉盘’‘沙金贯顶’‘杨妃出浴’‘小天鹅’‘雪峰’。

白色系

a.‘白玉盘’；b.‘雪峰’

2. 黄色系

该色系品种尽管历史上最高曾有18个品种。但目前，我国仅存1个典型黄色品种，即‘黄金轮’，非常珍贵。

3. 粉色系

该色系品种较多，品种间的粉色深浅程度不同。浅粉色品种如‘赵园粉’‘岱粉’，深粉色品种如‘大叶粉’‘粉楼艳’‘桃花飞雪’。

黄色系（‘黄金轮’）

粉色系

a.‘赵园粉’；b‘桃花飞雪’.

4. 粉蓝色系

生产上又将之称为蓝色系，实际为介于粉色和浅紫色之间的过渡色，肉眼可感知其冷色的蓝光。该色系品种较少，典型品种如‘晴雯’‘蓝菊’‘蓝田飘香’。

粉蓝色系

a.‘蓝菊’；b.‘蓝田飘香’

5. 红色系

该色系品种非常多，如‘遍地红’‘垂头红’‘大红袍’‘东方红’‘高杆红’‘红艳飞霜’‘烈火金刚’‘鲁红’‘赵园红’‘朱砂判’‘珠光’等。品种间有玫红、紫红、绯红等不同色相之分，在纯度及明度等方面差异也较大。

红色系

a.‘红莲托金’；b.‘大富贵’；c.‘万寿红’；d.‘烈火金刚’

6. 紫色系

该色系品种也较多，具有红紫、深紫、粉紫等变化，如‘百花紫’‘百园紫’‘紫雁飞霜’‘多叶紫’‘富贵满园’‘狮头紫’‘紫光霞帔’。

紫色系（‘百花紫’）

7. 紫黑色系

该色系品种较为少见，较典型品种如‘铁杆紫’‘黑海波涛’。

紫黑色系

a.‘铁杆紫’；b.‘黑海波涛’

8. 绿色系

该色系的品种较少，典型品种如‘绿宝石’‘翡翠如意’。此外，‘冰青’因其在初开及盛开初期时呈浅绿色，因而也被归为绿色系。

绿色系

a.‘翡翠如意’；b.‘冰青’

9. 复色系

一朵花的花瓣（主要指自然花瓣和雄蕊瓣化瓣）呈两种及两种以上颜色。该类品种也较多，常见于雄蕊瓣化的品种中，其内外瓣常呈不同的花色，如‘春晓’‘佛光’‘莲台’‘奇花露霜’‘巧灵’。对于花瓣带深色斑点或晕的品种，生产中常将其归于其花瓣主色所属的色系，如‘粉莲’‘烟雨荷’‘俏袭人’，其花瓣上均有深色斑点，但将之归为粉色系。

复色系

a.‘春晓’；b.‘奇花露霜’；c.‘巧灵’

二、根据花期分类

根据品种的开花早晚可分为早花品种、中花品种和晚花品种。在山东菏泽地区，20 世纪 90 年代至 21 世纪初，曾经以 5 月 1 日前初花为早花品种、5 月 10 日后初花为晚花品种，花期居中者为中花品种。随着气候变暖，最近几年，芍药自然花期普遍提前约 1 周。因此，花期分类中初花时间的界定并不绝对，还需结合不同年份的气象条件、品种及地区等而定。

我国主栽芍药品种中，中花品种居多，其次为早花品种，而晚花品种则较少。

（1）早花品种，如‘大富贵’‘丹凤’‘粉玉奴’‘铁杆紫’‘朱砂判’。

（2）中花品种，如‘凤羽落金池’‘金簪刺玉’‘莲台’‘沙金贯顶’‘雪峰’‘胭脂点玉’‘艳紫向阳’。

（3）晚花品种，如‘美人面’‘桃花飞雪’‘杨妃出浴’。

三、根据花型分类

花型是芍药的主要观赏特征之一，是芍药品种遗传特性的外在反映，具有重要的分类学价值。

野生芍药的花型为单瓣型，花瓣 5~13 枚，1~2 轮；在自然和人工双重选择压力下，栽培品种的花型演变得格外丰富，除单瓣型外，出现了花瓣数更多的各种型态的重瓣型，因此，芍药花型存在着由单瓣型→不同型态的重瓣型的演进趋势，主要遵循着 4 条不同的途径而发生：花瓣自然增多、雄蕊瓣化或退化、雌蕊瓣化或退化、台阁化。这种演进方式同牡丹是一致的，因此，芍药的花型分类方案也同牡丹一致，即分为 2 类、4 亚类、16 型（详见王莲英著《中国牡丹品种图志》）。

需要特别指出的是，芍药品种中，托桂型及台阁类花型特别常见，明显多于牡丹。此外，金环型也相对较多。

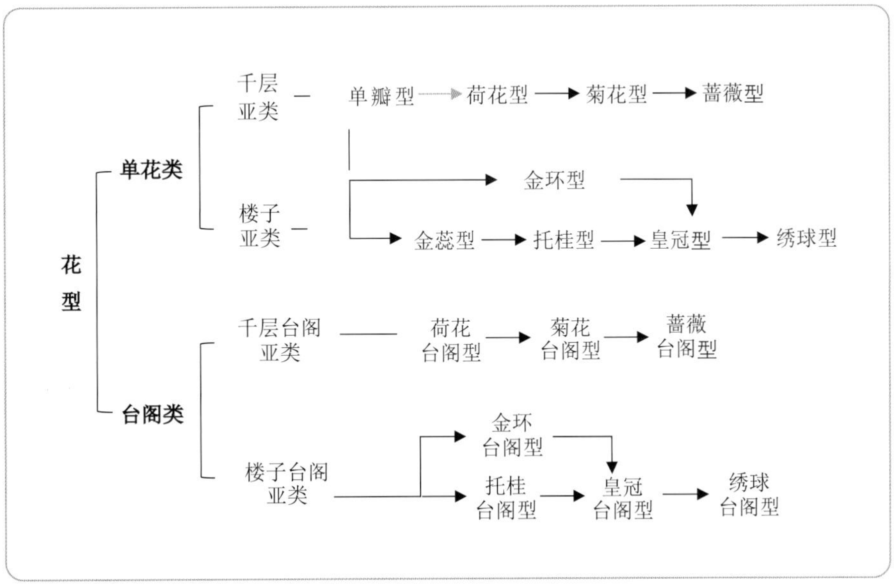

四、根据用途分类

芍药在实际生产中用途广泛，根据其栽培用途，可分为如下类型：

1. 药用芍药

泛指根可作为药材使用的芍药类型。芍药的根含有芍药苷等药用成分，具有解热、抗炎等多方面的药理作用。采收后可加工为“赤芍”“白芍”。药用芍药一般要求根中芍药苷含量高、产量高。

药用芍药根据其原产地等不同又有亳芍、杭芍等不同类型。其中各类型又常多分化，例如，亳芍中分化出“线条型”“蒲棒型”“鸡爪型”等类型。其中“线条型”根分枝呈长圆柱形，根条少而长；“蒲棒型”根分枝略呈纺锤形，短粗；“鸡爪型”主根不明显，多分枝，分枝呈圆锥形。

2. 庭园观赏芍药

指主要用以园林、庭院观赏栽培的芍药类型。该类型对花枝的挺直程度没有特别要求。有时，花头大、花枝易倒伏的品种反倒能营造特别的意境，如‘乌龙探海’‘月照山河’‘银红碧波’‘大地皆春’‘垂头红’等品种就是表现“红药当阶翻”“动荡情无限，低斜力不支”优美诗境的适宜品种。

‘月照山河’

‘银红碧波’

3. 切花芍药

主要用以切花生产的芍药类型。该类型品种一般须具有如下特性：

（1）水养期长，室温下至少 3 天。

（2）花枝具有一定长度，并且粗壮挺直。

（3）花蕾干净、不绽口。

（4）花型优美，花色明亮鲜艳。

（5）花叶协调。

（6）耐贮运。

（7）此外，成花率高、侧蕾不易发生、易于催花等特性也是种植者所希望的优良生产性状。

4. 盆栽芍药

主要用以盆栽观赏的芍药类型。一般要求根短小、植株低矮、分枝多、易成花。

5. 砧木用芍药

主要是芍药或牡丹嫁接繁殖时作为砧木使用的芍药。一般要求该品种能结实、可播种繁殖、肉质根生长快速、耐逆性及抗病性强。

‘晚霞红’

各论

第一章
品种性状记载标准

为便于品种性状调查、整理和登录等工作进行，必需提前制订一套完整详尽的性状描述记载标准。中国花卉协会牡丹芍药分会于 1996 年第四届年会上提出实行牡丹芍药品种的登录制度，并制订了《中国牡丹芍药品种审定登录办法》，于 1996 年 12 月起实施。本书作者在总结多年调查工作的基础上，参照上述办法、标准等，制订了芍药品种性状记载标准，对其中所包含的基本信息和主要性状的记载要求与标准，阐释如下：

1. 品种和植株基本信息

（1）品种名称：包括别名。

（2）品种名释义：中文名的来源、含义及典故。

（3）品种来源：选育品种还是引进品种。选育品种需要记载选育的具体方式（实生选育需要明确母本品种，杂交选育需要明确父母本）、首次开花时间和首次繁殖时间；引进品种需要记载引种时间。

（4）株龄：以分株或嫁接所在年份计为当年（0 年），翌年开花时，计为 1 年生。依次类推。

2. 植株性状

（1）株高（cm）：株丛自植株基部地平面至开花时花朵基部的高度。

（2）株形：直立、半开展、开展。

3. 花枝性状

（1）可采切花枝长度（盛花期，cm）：花枝自基部起第 3 片叶至顶花朵基部的长度。

（2）花枝粗度（cm）：采用游标卡尺测定，测量部位为花枝最上方一片叶到花朵基部的区域。

（3）花枝硬度：硬、略硬、软。

（4）花枝颜色：分为绿色、绿色有浅紫红晕、浅紫红色、紫红色等。

4. 花性状（盛花期观察）

（1）花态：直上、斜上和下垂。

（2）花型：按照花型分类方法进行填写。

（3）花色：分为白色、黄色、粉色、粉蓝色、红色、紫色、紫黑色、绿色、复色等，在描述记载的同时，采用英国皇家园艺学会色谱标准（RHSCC）测定和记录色彩代码。外花瓣、内花瓣花色有差异的要分别观测和记载。

（4）花径（cm）：花的横径，楼子亚类品种需纵径。描述方法：横径，或横径 × 纵径。

（5）花香：分为无或极淡、中、浓。

（6）雄蕊花丝颜色：仅针对具有雄蕊的品种。采用描述法，分为白色、黄色、粉红色、紫红色、紫色、其他色 6 种情况。其他色需进行说明。

（7）雄蕊瓣化瓣形状：仅针对雄蕊瓣化的品种。分为针形、带形、窄倒卵圆形、倒卵圆形和混合型。混合型需进行说明。

（8）花盘颜色：分为白色、黄色、绿色、粉红色、紫红色、其他色。其他色需要进行说明。

（9）雌蕊数量：0、1~3、4~6、≥ 7。

（10）（雌蕊）心皮颜色：仅针对具有雌蕊的品种。分为绿色、紫红色、其他色。其他色需要进行说明。

（11）（雌蕊）心皮被毛：仅针对具有雌蕊的品种。分为光滑、稀疏、中等、密被毛。

（12）（雌蕊）柱头颜色：仅针对具有雌蕊的品种。分为白色、粉红色、紫红色、其他色。其他色需要进行说明。

（13）萼片瓣化：无或极少、有。

（14）主花蕾形态：卵球形、扁球形、圆球形、高椭球形。

（15）花蕾绽口：无、有。

（16）侧蕾数：0、1~2、≥ 3。

5. 花物候

（1）始花期：该品种第一朵花开始开放的日期，以年月日表示，并注明花期早中晚类型。

（2）单花花期（天）：单个花朵从初开到凋谢的平均天数。

6. 结实特性（秋季果实成熟时观察）

结实能力：不结实或极弱、中等、强。

7. 鳞芽和幼叶性状

（1）鳞芽出土期：分为早、中、晚；分别以‘朱砂判’‘春晓’‘杨妃出浴’为对照品种来判断。

（2）鳞芽颜色：分为绿色、粉红色、紫红色、其他色。其他色需要进行说明。

（3）幼叶下表面紫红晕：分为无或极弱、中、强。

8. 补充说明

可对一些突出性状，如花色随开放进程而变化、花期特早或特晚、叶色特别或幼叶叶色转变期特晚、抗逆、抗病性等方面予以补充或强调。

第二章
品种命名规则

芍药品种的规范命名，是栽培植物分类和命名的重要内容，有利于我国芍药品种的推广、保护和交流。在芍药品种命名实践中，应严格遵循相关法规，书写规范，并努力传承我国独特的花文化。

一、严格遵照相关法规

应严格遵照农业农村部《农业植物品种命名规定》【2012 年 3 月 14 日公布，2022 年 1 月 21 日修订】执行。

现摘列其中几条如下：

● 一个品种只能使用一个中文名称。

● 相同或者相近的属内的品种名称不得相同。

● 应当使用规范的汉字、英文字母、阿拉伯数字、罗马数字或其组合。品种名称不得超过 15 个字符。

● 不得仅以数字或者英文字母组成。

● 不得仅以一个汉字组成。

● 不得含有国家名称的全称、简称或者缩写，但存在其他含义且不易误导公众的除外。

● 不得含有县级以上行政区划的地名或者公众知晓的其他国内外地名，但地名简称、地名具有其他含义的除外。

● 不得夸大宣传。

● 不得含有杂交、回交、突变、芽变、花培等植物遗传育种术语。品种的中文名称译成英文时，应当逐字音译，每个汉字音译的第一个字母应大写。

二、品种名称的正确书写

芍药品种名称在书写时，需要在其所隶属的属或种等分类单位的学名后，在单引号内书写品种名的拼音（“cv. ××”的书写格式不符合最新的学名书写规范；双引号也不能使用）。例如，‘春晓’因起源于野生种芍药 *Paeonia lactiflora*，其品种名应写为 *Paeonia lactiflora*‘Chun Xiao’。在书写时，需要确保种的学名为斜体，品种名为正体，以区分不同分类单位。

育种人如果进行品种的国际登录，品种名的书写应遵照《国际栽培植物命名法规》（International Code of Nomenclature for Cultivated Plants, ICNCP）最新版本。现列举 ICNCP 第 9 版中的几条规定如下：

● 品种名称由它所隶属的属或更低分类单位的正确学名，或者明确易辨的普通名称，加上品种加词共同构成。

● 栽培品种加词至少应与其属拉丁名或者明确易辨的普通名称伴随。

● 品种加词中，每个词首字母必须大写，除非受一些特定的语言习惯所限制。

● 当一个品种所隶属的分类单位的名称改变时，品种加词保持不变。

三、提倡传承和创新我国芍药品种命名方法

芍药品种名称是芍药文化的重要内容。诵读我国芍药品种名，会发现这些品种名高度概括了品种表型或抗逆性等某一方面的突出特征，尤其以表现或映射品种的花色、花姿等花器官特征为主，如‘白玉盘’‘垂头红’；有的品种名来源于历史典故，如‘金带围’‘金科状元’；有的用以表现品种的来源，如‘种生粉’‘莲台子’；有的则采用了拟人化的修辞手法，如‘晴雯’‘俏袭人’；更多的品种名，还充满诗情画意，如‘杨妃出浴’‘紫雁飞霜’‘月照山河’。丰富多彩、惹人遐想的命名方法，充分彰显了多姿多彩的芍药文化，这些品种的命名方法值得我们传承和创新。

第三章
品种介绍

第一节　传统品种

单瓣型

‘粉玉奴’

花粉色（CC 67C），单瓣型。花瓣 2~3 轮，倒卵形，端部有浅缺刻；雌雄蕊正常，花丝黄色，心皮 3~6 枚，柱头浅粉色。花枝细，花朵直上。开花量大。早花品种。

植株矮，直立形。小型长叶。分蘖能力强。生长势中等。

杭芍

是苏杭一带药用芍药的通称。

花粉紫色，花色深浅不一，单瓣型。花瓣 2 轮，阔倒卵形；雌雄蕊正常，花丝黄色，柱头浅粉色，心皮被毛。花枝较细，花朵侧开，多单生枝顶。

植株中高。生长势中等。耐湿热性强。多采用播种繁殖。

蔷薇型

‘墨梅’

花墨紫红色（CC 59A），蔷薇型。外瓣大，2 轮，倒卵形，内瓣渐小，花瓣有光泽；部分雄蕊瓣化，花丝浅紫红色；柱头浅粉色。花枝中粗，紫红色，花朵直上。中花品种。

植株中高，直立形。中型长叶。生长势中等。西北品种。

托桂型

‘粉银针’

花粉色（CC 68B），托桂型。外瓣 2 轮，粉色；内瓣为雄蕊瓣化瓣，浅粉色，窄带形，基部浅黄色；雌蕊较正常，心皮 3~5 枚，被毛，柱头变宽长，粉红色。花枝中粗，有紫晕，花朵直上。中花品种。

植株较矮，直立形。中型长叶。生长势中等。

‘一碟蒜’

花复色，托桂型。外瓣大，2 轮，浅粉紫色（CC N66C），卵圆形；内瓣为雄蕊瓣化的带形花瓣，粉白色（CC 65D）；雌蕊正常。花枝较细，花朵直上或侧开。中花品种。

植株中高，半开展形。中型长叶。生长势中等。西北品种。

‘紫芙蓉’

花浅紫色（CC NN74C），托桂型。外瓣大，2 轮，倒卵形；内瓣为雄蕊瓣化的带形小瓣，端部浅齿裂，颜色稍浅；雄蕊全部瓣化，心皮 3~5 枚，被密毛，柱头乳白色。花枝中粗，花朵侧开。早花品种。

植株较高，半开展形。中型长叶。生长势强。

金环型

‘金带围’

花白色（CC 4D），金环型，偶呈皇冠型。外瓣 2 轮，倒卵形，端部齿裂或缺刻；部分雄蕊瓣化成较小的花瓣；内外瓣之间有一圈浅黄色尚未完全瓣化的雄蕊，或初级瓣化的带形花瓣，花心也常有黄色针状小瓣；雌蕊瓣化或退化消失。花蕾黄绿色，花枝中粗，花朵直上或侧开。晚花品种。

植株较高，半开展形。中型长叶。生长势中等。

‘乌龙探海’

花紫红色（CC 59A），金环型，偶呈皇冠型。外瓣 2 轮，长倒卵形；内瓣为雄蕊瓣化瓣，少量正常的雄蕊杂于瓣间，内外瓣之间常有一圈正常的雄蕊，形成金环型；雌蕊较正常，心皮 3~5 枚，柱头浅粉色。花枝细软，花朵侧垂。中花品种。

植株较高，半开展形。中型长叶，叶缘稍波曲。生长势中等。

‘紫袍金带’

花紫红色（CC 64B），金环型，偶呈皇冠型。外瓣大，2 轮，倒卵形；内瓣为雄蕊瓣化的小瓣，内外瓣之间常有一圈正常的雄蕊，形似金环；雌蕊正常，心皮 3~5 枚，被毛，柱头白色。花枝较细，花朵侧开，开花量较大。早花品种。

植株中高，直立形。小型长叶，小叶披针形，叶背被毛。生长势中等。

皇冠型

‘冰青’

花绽口时呈浅绿色（CC 144B），盛开时白色（CC 155C），皇冠型，偶呈绣球型。外瓣稍大；内瓣为雄蕊瓣化瓣，大小不一，端部浅齿裂，雄蕊大部分瓣化；雌蕊趋于瓣化。花枝中粗，花朵侧垂。特晚花品种。

植株较矮，开展形。中型长叶，小叶较稀疏，叶缘波曲。生长势较弱。

‘彩霞’

花粉色（CC 62C），皇冠型。外瓣大，2 轮，倒卵形，圆整；内瓣为雄蕊瓣化瓣，端部浅齿裂，排列较整齐；雌蕊变小。花枝中粗，有紫晕，花朵直上或侧开。开花量中等。中花品种。

植株中高，半开展形。中型长叶，叶柄有紫晕，叶缘稍上卷，稍波曲。生长势中等。西北品种。

‘苍龙’

花紫红色（CC 61A），皇冠型，偶呈金环型。外瓣 2 轮，阔倒卵形；雄蕊部分瓣化，瓣端齿裂，外瓣与内瓣之间常有一圈正常的雄蕊；雌蕊正常，心皮 5~6 个，被疏毛，柱头白色。花枝细，花朵侧开。开花量较大，中花品种。

植株较高，半开展形。中型长叶，叶缘稍上卷。生长势中等。

‘翠香白’

花粉白色（CC N155D），皇冠型。外瓣大，2 轮，倒卵形，有不均匀的粉紫晕；内瓣较小，为雄蕊瓣化瓣，端部浅齿裂；雌蕊较正常，柱头粉色。花枝中粗，花朵直上或侧开。中花品种。

植株中高，直立形。小型长叶。生长势中等。西北品种。

‘大藕’

花红色（CC 68B），皇冠型。外瓣大，2 轮，倒卵形；内瓣为雄蕊瓣化的小瓣，端部浅齿裂，颜色稍浅，少量正常的雄蕊杂于瓣间。花枝中粗，花朵直上。中花品种。

植株中高，直立形。小型长叶。生长势中等。西北品种。

‘粉西莲’

花浅粉色（CC 62B），盛花期后颜色变浅，皇冠型。外瓣大，2 轮，浅粉紫色，倒卵形，平展；内瓣稍小，颜色稍浅，端部曲皱浅齿裂，雄蕊大部分瓣化；柱头红色。花枝中粗，花朵直上或侧开。中花品种。

植株中高，直立形。中型长叶，生长势强。西北品种。

‘芙蓉’

花粉红色（CC N57C），微紫，皇冠型。外瓣大，2 轮，倒卵形；内瓣为雄蕊瓣化瓣，大部分雄蕊瓣化，少量正常的雄蕊杂于瓣间；柱头粉红色。花枝中粗，花朵侧开。中花品种。

植株中高，半开展形。中型长叶，叶缘稍上卷。生长势中等。西北品种。

‘钦王粉’

花粉紫色（CC 67C），皇冠型。外瓣大，2 轮，卵圆形；内瓣为雄蕊瓣化瓣，端部颜色浅，少量正常的雄蕊杂于瓣间；柱头红色。花枝中粗，有紫晕，花朵直上。中花品种。

植株中高，直立形。中型长叶。生长势中等。西北品种。

‘沙金贯顶’

花白色（CC 155B），皇冠型，偶呈绣球型。外瓣2轮，倒卵形；内瓣较小，为雄蕊瓣化瓣，瓣端浅齿裂，常残留花药；雌蕊稍有瓣化，心皮3~5枚，被毛，房衣残存，柱头黄白色。花枝中粗，花朵直上或侧开。中花品种，偏晚。

植株较矮，直立形。小型长叶，小叶阔披针形，叶背被毛。生长势较弱。

‘桃红楼子’

花粉红色（CC N66B），皇冠型。外瓣2轮，阔卵形，平展；内瓣稍小，为雄蕊瓣化瓣，密集褶叠，端部颜色稍浅。花枝较粗，花朵直上。中花品种。

植株中高，直立形。中型长叶，生长势中等。西北品种。

‘桃花飞雪’

花粉色（CC 69C），皇冠型。外瓣 2 轮，倒卵形，端部常有一浅裂；内瓣为雄蕊瓣化的小瓣，端部浅齿裂，雄蕊全部瓣化；雌蕊趋于瓣化，心皮 4~6 枚，被毛，柱头粉色。花蕾卵球形。花枝中粗，花朵侧开。晚花品种。水养期长，是一个优良的切花品种。

植株中高，半开展形。中型长叶。生长势中等。

‘洮阳红’

花红色（CC 67C），微紫，皇冠型。外瓣2轮，阔卵形，平展；雄蕊全部瓣化成小花瓣，端部浅齿裂，颜色稍浅；雌蕊正常，柱头粉红色。花枝较粗，中花品种。

植株中高，直立形。中型长叶。生长势强。西北品种。

‘腰带黄’

花复色，皇冠型。外瓣2轮，粉紫色（CC 75B）；内瓣为雄蕊瓣化瓣，浅粉白色（CC N155B），内外瓣之间有一圈浅黄色的带状瓣化瓣（CC 8D），雄蕊大部分瓣化，极少残留；雌蕊较正常，粉白色。花枝中粗，花朵直上。中花品种。

植株中高，半开展形。中型长叶。生长势中等。西北品种。

‘樱粉西施’

花浅粉色（CC 62D），皇冠型。外瓣大，2 轮，倒卵形；内瓣为雄蕊瓣化的小瓣，端部浅齿裂，少量正常的雄蕊杂于瓣间；雌蕊正常。花枝中粗，花朵直上或侧开。早花品种。

植株中高，半开展形。中型长叶。生长势中等。西北品种。

‘云中鹤’

花浅粉色（CC 62D），皇冠型。外瓣大，2 轮，倒卵形；内瓣为雄蕊瓣化的小瓣，端部浅齿裂，部分正常的雄蕊杂于瓣间；雌蕊正常。花枝中粗，花朵直上。中花品种。

植株中高，直立形。中型长叶。生长势中等。西北品种。

‘朱砂判’

花浅紫红色（CC 59B），托桂型或皇冠型。外瓣大，2 轮，倒卵形；内瓣为雄蕊瓣化瓣，较小，内外瓣之间常有一圈针状小瓣，雄蕊全部瓣化；雌蕊正常，心皮 3~4 枚，被毛，柱头乳白色。花枝较细，花朵侧开。成花率高，开花量大，早花品种。

植株中高，半开展形。中型长叶。生长势中等。

‘醉杨妃’

花浅粉色（CC 63C），皇冠型。外瓣大，2 轮，浅粉色，倒卵形；内瓣为稍小的雄蕊瓣化瓣，端部浅齿裂，粉白色，大部分雄蕊瓣化；雌蕊正常。花枝中粗，花朵直上。中花品种。

植株中高，直立形。中型长叶。生长势强。西北品种。

绣球型

‘大富贵’（西北品种）

花粉红色（CC N66C），绣球型。外瓣稍大，2~3 轮；内瓣稍小，内外瓣大小近似，端部浅粉色，浅齿裂，雄蕊全部瓣化；雌蕊退化变小或消失。花枝中粗，花朵直上或斜伸向上。中花品种。

植株稍矮，直立形。生长势中等。

‘大红楼子’

花紫红色（CC N57A），绣球型。外瓣 2 轮，阔倒卵形，与内瓣大小近似；内瓣为雄蕊瓣化瓣，层叠高耸，端部浅齿裂，大部分雄蕊瓣化；雌蕊退化变小或消失。侧蕾 2~3 个，花蕾圆球形。花枝中粗，有紫晕，花朵直上或侧开。中花品种。

植株中高，直立形。中型长叶。生长势强。西北品种。

‘玛瑙粉’

花粉色（CC 68C），绣球型。内外瓣大小近似，密集层叠，端部颜色稍浅；雄蕊大部分瓣化，少数退化变小；雌蕊退化变小。花枝中粗，有紫晕，花朵直上。中花品种。

植株中高，直立形。中型长叶。生长势中等。西北品种。

‘美人面’

花浅粉色（CC 62C），绣球型。外瓣 2 轮，稍大；内瓣稍小，雄蕊大部分瓣化，端部浅齿裂；雌蕊退化变小。花枝中粗，较软，花朵侧垂。极晚花品种。

植株矮，开展形。小型长叶，小叶边缘波曲。生长势中等。

‘西施粉’

花粉色（CC 73C），皇冠型或绣球型。外瓣2轮，稍褶叠，颜色由外向内依次变浅；内瓣颜色较浅，雄蕊大部分瓣化；雌蕊偶有瓣化，心皮3~6枚，柱头浅粉色。花枝中粗，花朵侧开。中花品种。

植株较高，半开展形。中型长叶。生长势较强。

‘紫绣球’

花浅紫红色（CC 67C），绣球型。花瓣大小近似，无内外瓣之分，端部浅齿裂；大部分雄蕊瓣化，少量正常的雄蕊杂于瓣间；雌蕊退化变小。花枝中粗，有紫晕，花朵侧开。中花品种。

植株中高，半开展形。中型长叶。生长势强。

千层台阁亚类

‘白玉冰’

花白色（CC NN155D），千层台阁亚类。下方花外瓣大，2 轮，倒卵形，内外瓣之间有一圈雄蕊瓣化的小瓣，雌蕊瓣化成端部红色的花瓣；上方花雄蕊瓣化，雌蕊退化，偶有正常，柱头红色。花枝较细，花朵直上或侧开。开花量中等，中花品种，偏晚。

植株矮。小型长叶，叶缘稍上卷。萌芽力、生长势较弱。

‘大富贵’

花玫红色（CC 66C），千层台阁亚类。下方花外瓣 3~4 轮，倒卵形，内瓣较小，为雄蕊瓣化瓣，瓣间残留少量雄蕊，雌蕊瓣化；上方花花瓣较少，有正常的雄蕊，雌蕊退化变小，心皮 3~5 枚，柱头白色；花蕾圆球形，无绽口，侧蕾 2~3 个。花枝粗硬，花朵直上。开花量大。中花品种，偏早。

植株较矮，直立形。小型长叶。生长势强。

‘粉珠盘’

花粉白色（CC 65D），千层台阁亚类。下方花外瓣 3 轮，内瓣较小，雄蕊大部分瓣化，瓣端浅齿裂，雌蕊瓣化成紫红色硬质花瓣；上方花外瓣稍大，内瓣较小，雄蕊大部瓣化，花丝黄色，雌蕊退化变小，柱头红色。花蕾圆球形，绽口，有侧蕾。花枝较粗，花朵侧开。开花量较大。早花品种。

植株高大，半开展形。中型长叶，黄绿色。生长势强。

‘枹罕粉阁’

花粉色（CC N155C），千层台阁亚类。下方花外瓣大，3~5 轮，内瓣 2 轮较小，雄蕊全部瓣化，花瓣自外向内颜色渐深，雌蕊瓣化为绿色彩瓣；上方花花瓣较小，端部浅齿裂，雌雄蕊退化变小。花枝较粗，花朵直上或侧开。中花品种。

植株中高，直立形。中型长叶。生长势强。西北品种。

‘观音面’

花粉白色（CC N155C），千层台阁亚类。下方花花瓣倒卵形，向内稍小，雄蕊部分正常，雌蕊瓣化成端部红色的彩瓣；上方花花瓣较少且小，雌雄蕊正常，柱头粉色。花枝中粗，花朵直上。中花品种。

植株中高，直立形。中型长叶。生长势中等。西北品种。

‘红艳飞霜’

花红色（CC 67A），千层台阁亚类。下方花外瓣 2~3 轮，倒卵形，内瓣稍小，雌雄蕊瓣化；上方花花瓣大小近似，端部颜色稍浅，雌雄蕊退化变小。花枝较细，花朵侧开。中花品种，偏早。

植株中高，半开展形。叶被疏毛。生长势中等。

‘红云映日’

花红色（CC 67C），千层台阁亚类。下方花外瓣稍大，内轮瓣稍小，雄蕊大部分瓣化，雌蕊瓣化瓣接近正常花瓣；上方花花瓣自外向内依次变小，雄蕊部分瓣化，部分退化变小，雌蕊退化变小或消失。花枝较细，有紫晕，花朵侧开。晚花品种。

植株较高，半开展形。中型长叶。生长势强。

‘黄金轮’

花黄色（CC 3B），千层台阁亚类。下方花的外瓣2~3轮，长椭圆形，内瓣狭长内卷，花型不整齐，雄蕊瓣化，雌蕊瓣化为绿色彩瓣；上方花花瓣2~3轮，雄蕊正常或变小，雌蕊正常，偶有瓣化。花枝中粗，花朵直上。中花品种，偏晚。

植株中高，直立形。小型长叶，从萌芽到展叶均为翠绿色，休眠芽为浅黄色。萌芽力较弱，生长势中等。

‘玫瑰飘香’

花玫红色（CC 71C），千层台阁亚类。下方花外瓣2轮，长倒卵形，内瓣稍小，雄蕊大部瓣化，雌蕊瓣化与花瓣同色；上方花外瓣稍大，内瓣渐小，中心花瓣常呈带形，花瓣端部颜色较浅，雌雄蕊退化变小或消失，心皮3~5枚，柱头浅黄色。侧蕾1~3个，花蕾圆球形，花枝中粗，花朵侧开。晚花品种。

植株稍矮，半开展形。中型长叶。生长势中等。

‘墨紫含金’

花墨紫红色（CC 60A），千层台阁亚类。下方花外瓣2轮，花瓣长椭圆形，雄蕊部分瓣化，少量正常的雄蕊杂于瓣间，雌蕊瓣化成红色硬瓣；上方花花瓣较少而小，少量雄蕊正常或变小，雌蕊退化变小，心皮3~5枚，柱头红色。花枝有紫晕，花朵侧开。中花品种。

植株较高，半开展形。叶背被毛。生长势强。

‘平顶红’

花红色（CC 61C），千层台阁亚类。下方花外瓣大，2 轮，阔倒卵形，端部浅齿裂，内瓣稍小，端部浅齿裂，部分雄蕊正常呈环状，雌蕊瓣化；上方花花瓣较少，端部浅齿裂，雌雄蕊退化变小，柱头白色，花朵顶部平整。花枝较细，花朵侧开。中花品种。

植株较矮，半开展形。中型长叶。生长势弱。

‘铁杆紫’

花墨紫红色（CC 59B），千层台阁亚类，经常出现菊花型、皇冠型。下方花花瓣倒卵形，质地较厚，雄蕊大部分瓣化，雌蕊瓣化；上方花花瓣较小，端部浅齿裂，花瓣有光泽，部分雄蕊瓣化，少量正常或退化变小，雌蕊瓣化或退化变小，心皮3~6枚，柱头黄绿色。花枝紫红色，中粗而硬，花朵直上。早花品种。

植株较矮，直立形。小型长叶，叶柄紫红色。生长势较弱。

‘五花龙玉’

花白色（CC N155B），千层台阁亚类。下方花外瓣稍大，向内渐小，外瓣常有紫色条纹，大部分雄蕊瓣化成较小的花瓣，端部浅齿裂，雌蕊瓣化成端部红色的彩瓣；上方花花瓣较少，雌雄蕊退化变小。花枝细，花朵直上。花期较晚。

植株较矮，直立形。小型长叶。生长势较弱。

‘杨妃出浴’

花白色（CC 155B），初开微粉，盛开洁白，微香，千层台阁亚类。下方花外轮花瓣常呈白绿红相间的彩瓣，其余花瓣宽大平展，向内稍小，雄蕊大部分瓣化，雌蕊瓣化成红色彩瓣或与花瓣同色；上方花花瓣自外向内依次变小，雌雄蕊退化变小，柱头粉红色。花蕾卵球形，花枝较粗，花朵直上。晚花品种。

植株较高，直立形。茎秆被密毛，中型长叶。生长势强。

‘紫金楼’

花紫红色（CC 67B），千层台阁亚类。下方花外瓣大，2 轮，倒卵形，内瓣为雄蕊瓣化的小瓣，端部浅齿裂，雌蕊瓣化成端部白色的花瓣；上方花花瓣较少，雌雄蕊退化变小，柱头粉白色。花枝中粗，有紫晕，花朵直上或侧开。中花品种。

植株中高，半开展形。中型长叶。生长势中等。西北品种。

‘紫雁飞霜’

花浅紫色（CC 72C），微粉，千层台阁亚类。下方花外瓣大，2轮，长倒卵形，端部常有一浅裂，内瓣稍小，雄蕊部分瓣化，部分正常的雄蕊常呈金环状；上方花花瓣少，直立状，雌雄蕊退化变小。所有花瓣端部颜色浅，浅齿裂，粉白色。花枝中粗，紫晕密布，花朵直上。中花品种。

植株中高，直立形。大型圆叶。生长势强。

楼子台阁亚类

‘冰罩红’

花红色（CC N66C），微紫，楼子台阁亚类。外瓣2轮，倒卵形，下方花内瓣为雄蕊瓣化瓣，雌蕊瓣化成与外瓣近色的彩瓣；上方花花瓣较少，雌雄蕊退化变小，柱头红色。花枝较粗，花朵直上或侧开。开花量中等。中花品种，偏晚。

植株中高，直立形。中型长叶，深绿色，叶缘稍上卷。生长势强。西北品种。

‘凤羽落金池’

花复色，楼子台阁亚类。下方花外瓣2轮，初开微粉（CC 73D），后期颜色变浅，内瓣小，为雄蕊瓣化瓣，初开黄色，盛开变为白色（CC N155B），雌蕊瓣化成厚硬的红色花瓣，故名；上方花花瓣少，雄蕊大部分瓣化，雌蕊变小。花蕾圆球形，开花量中等，花朵直上或侧开。中花品种。

植株中高，半开展形。小型长叶，叶背有毛。生长势中等。

‘鹤落粉池’

花浅粉色（CC 62C），楼子台阁亚类。下方花内外瓣大小近似，端部浅齿裂，雄蕊全部瓣化，雌蕊瓣化成质地较厚的花瓣，且端部边缘红色；上方花花瓣自外向内依次变小，雌雄蕊退化变小或消失。花蕾易绽口。花枝中粗，花朵侧垂。晚花品种。

植株中高，开展形。小型长叶。生长势较弱。

‘黑绣球’

花深紫红色（CC 61A），楼子台阁亚类。下方花外瓣 2 轮，倒卵形，内瓣较小，雄蕊大部分瓣化或退化，雌蕊瓣化为小绿瓣或消失；上方花雄蕊大部分瓣化，雌蕊退化变小，柱头红色。花枝较粗，花朵直上或侧开。晚花品种。

植株高大，半开展形。叶背被毛，叶缘稍上卷。生长势强。

‘花红重楼’

花红色（CC 66A），楼子台阁亚类。下方花外瓣2轮，内瓣较小，为雄蕊瓣化瓣，雄蕊大部瓣化，雌蕊瓣化成绿色彩瓣；上方花花瓣较少，雌蕊退化变小。侧蕾较少，花朵侧开，晚花品种。

植株中高，半开展形。小型长叶，叶缘波曲稍上卷。生长势中等。

‘墨紫存金’

花紫红色（CC 59A），楼子台阁亚类。下方花外瓣2~3轮，阔卵形，内瓣较小，为雄蕊瓣化瓣，雌蕊瓣化；上方花花瓣较少，雌雄蕊较正常，但是退化变小，花瓣间常杂有正常的雄蕊，心皮3~4枚，柱头粉色。花枝中粗，花朵直上或斜伸向上。中花品种。

植株中高，半开展形。小型长叶。生长势强。

‘三点红’

花白色（CC N155C），楼子台阁亚类。下方花外瓣 2 轮，阔倒卵形，端部常有 1 浅裂，内瓣为雄蕊瓣化的小瓣，端部曲折浅齿裂，雌蕊瓣化成端部红色的彩瓣；上方花花瓣少而小，雌雄蕊退化变小，柱头红色。花枝中粗，有紫晕，花朵直上或侧开。中花品种。

植株中高，半开展形。中型长叶。生长势强。西北品种。

‘仙鹤白’

花白色（CC 4D），楼子台阁亚类，下方花外瓣 2 轮，平展，雄蕊大部分瓣化成较小的花瓣，端部浅齿裂，雌蕊瓣化成端部红色的白色花瓣；上方花花瓣较少，2~3 轮，雌雄蕊退化变小，心皮 3 枚，被毛，柱头白色。花蕾圆球形，花枝中粗，花朵侧垂。中花品种。

植株稍高，开展形。小型长叶。生长势中等。

‘小藕’

花粉紫色（CC 68C），楼子台阁亚类。下方花外瓣 2 轮，稍大，倒卵形，端部浅齿裂，内瓣为雄蕊瓣化的稍小的花瓣，雌蕊瓣化成端部具有紫红色边缘的同色花瓣，端部浅齿裂；上方花花瓣少，自外向内依次变小，雌雄蕊退化变小，柱头红色。花枝中粗，花朵直上。中花品种。

植株中高，直立形。中型长叶。生长势中等。西北品种。

‘胭脂点玉’

花复色，楼子台阁亚类。下方花外瓣 2 轮，倒卵形，浅粉紫色（CC 69A），内瓣为雄蕊瓣化瓣，粉白色（CC 4D），雌蕊瓣化为红色彩瓣，好似胭脂轻点白玉，若隐若现；上方花花瓣较少，雌蕊、雄蕊退化变小，柱头粉红色。花枝中粗，花朵侧开。中花品种。

植株中高，半开展形。枝叶较稀疏，叶黄绿色。生长势强。

‘银线绣红袍’

花红色（CC 67A），楼子台阁亚类。下方花外瓣 3~4 轮，倒卵形，雄蕊大部分瓣化，雌蕊瓣化成红绿相间的彩瓣；上方花花瓣较少，雄蕊瓣化，雌蕊退化变小。花枝中粗，花朵直上，花蕾圆球形，侧蕾较少，无绽口。开花量大，中花品种。

植株中高，直立形。小型长叶，深绿色。生长势强。

第二节　新育品种

单瓣型

‘白玉盘’

花白色（CC NN155D），单瓣型。花瓣 2 轮，倒卵形，瓣端浅齿裂；雌雄蕊正常，花丝、花药黄色，雌蕊柱头白色，心皮有毛，花盘残存，白色。开花量较少，花枝较细，花朵直上或侧开。中花品种，偏早。

植株较矮，直立形。小型长叶，叶缘上卷波曲。生长势中等。

‘彩玲珑’

花复色，单瓣型。花瓣 2~3 轮，粉白色（CC 65D），倒卵形，端部浅齿裂，有不均匀的紫红色条纹（CC 67C）；雌雄蕊正常，花丝黄色，心皮 4 枚，柱头红色。花枝中粗，花朵直上。中花品种。

植株中高，直立形。小型长叶。生长势中等。

‘彩云荷’

花复色，单瓣型。萼片边缘红色；花瓣 2~3 轮，粉白色（CC 62D），披针形或狭长倒卵形，质地厚硬，端部红色（67C），浅齿裂；雌雄蕊正常，花丝黄色，心皮 3 枚，柱头红色。花枝中粗，花朵直上。中花品种。

植株中高，直立形。小型长叶。生长势中等。

‘翠玉’

花白色（CC 155A），中部有粉色晕，单瓣型。花瓣 2~3 轮，花瓣长倒卵形，端部有浅裂；雌雄蕊正常，心皮多为 5 枚，柱头白色。花蕾圆球形，不绽口，侧蕾 0~1 个。花枝挺直，长约 80cm，花朵直上。中花品种。

植株中高。小叶阔披针形，叶背疏被毛。生长势中等。

‘大瓣红’

花紫红色（CC N57B），单瓣型或金蕊型。花瓣 2 轮，倒卵形，端部中央浅裂，有光泽；雄蕊正常或变宽加长；雌蕊较正常，柱头浅粉色。花枝较细，有紫晕，花朵侧开。中花品种，稍早。

植株中高，半开展形。中型长叶。生长势中等。

‘大放异彩’

花复色，单瓣型。花瓣长倒卵形，质地厚硬，边缘和端部红白相间（CC 64C/NN155C），中部浅黄绿色；雌雄蕊正常，花丝黄色，心皮 3~5 枚，光滑，柱头紫红色。花蕾长卵球形。花枝中粗，有紫晕，花朵侧开。晚花品种。

植株中高，半开展形。小型长叶。生长势强。

‘岱粉’

花粉白色（CC 65A），边缘略浅，单瓣型。花瓣 3~4 轮，倒卵形，瓣端较圆整；雌雄蕊正常，心皮 4~5 枚，柱头鲜红色，花盘呈明显小突起状，与柱头同色。花蕾圆球形，不绽口；侧蕾 0~2 个。花枝较硬，花朵直上。早花品种。

植株中高。小叶阔披针形，叶背无毛。生长势强。

‘翡翠如意’

花浅绿色（CC 1C），单瓣型。花瓣2轮，狭长倒卵形，端部颜色稍浅，有浅齿裂，质地较厚；雌雄蕊基本正常，雄蕊有瓣化趋势，心皮3~5枚，黄绿色，光滑，柱头浅黄色。花枝细硬，花朵直上。中花品种，偏晚。

植株中高，直立形。小型长叶。生长势中等。

‘翡翠羽衣’

花初开浅绿色，盛开白色（CC 142D），单瓣型。花瓣2轮，狭长倒卵形，端部浅齿裂，花瓣中部浅绿色；雌雄蕊正常，花丝黄色，心皮3枚，柱头浅绿色。花枝中粗，有紫晕，花朵直上。中花品种。

植株中高，直立形。中型长叶。生长势中等。

‘粉莲’

花初开浅粉色，盛开白色（CC 4D），单瓣型。花瓣2轮，长倒卵形；雌雄蕊正常，花丝乳白色，心皮3~5枚，柱头浅黄色。花枝细，花朵侧开或斜伸向上。中花品种。

植株中高，半开展形。小型长叶。生长势中等。

‘凤凰涅槃’

花白色（CC NN155D），单瓣型。萼片偶有瓣化，花瓣倒卵形，边缘有缺刻；雌雄蕊正常，花丝黄色，心皮3~5枚，红棕色，柱头紫红色。花枝中粗，花朵直上。早花品种。

植株较高，半开展形。中型长叶，生长势强。

‘红凤’

花红色（CC 64B），单瓣型。花瓣 2~3 轮，倒卵形，瓣端浅裂，瓣质较硬，杯状排列；雌雄蕊正常，花丝黄色，心皮 3~5 枚，被毛，柱头乳白色。花蕾圆球形，不绽口，侧蕾 0~2 个，常不发育。花枝长而挺直，花朵直上。早花品种。

植株中高。小叶叶背无毛。生长势强健。

‘金枝玉叶’

花白色（CC NN155D），单瓣型。花瓣 2 轮，长倒卵形；雌雄蕊正常，花丝黄色，心皮 3~5 枚，柱头乳白色。花枝较细，花朵直上。中花品种。

植株较矮，直立形。小型长叶。生长势较弱。

‘梨花迎日’

花白色（CC N155B），微粉，单瓣型。花瓣 2~3 轮，阔卵形，常有稍密集的粉紫色小斑点；雌雄蕊正常，花丝黄色，心皮多数，3~9 枚，被毛，柱头紫红色。花枝细，花朵直上。中花品种。

植株中高，直立形。中型长叶。生长势中等。

‘染芳腮’

花浅粉色（CC 65C），单瓣型。花瓣 2~3 轮，卵形，向内抱合，花瓣边缘颜色稍深，向内渐浅，表现为倒晕色；雌雄蕊正常，花丝黄色，心皮 3~5 枚，红棕色，被毛，柱头紫红色。花枝中粗，花朵直上。中花品种。

植株中高，半开展形。中型长叶。生长势中等。

‘烟雨荷’

花粉白色（CC 65D），密布紫红色斑点，单瓣型。花瓣 2~3 轮，倒卵形；雌雄蕊正常，心皮 3~4 枚，光滑，柱头紫红色；退化花盘明显，紫红色。花蕾卵球形，不绽口，侧蕾 0~2 个。花枝较细，紫红色，挺直，花朵直上。早花品种。

植株较低矮，半开展形。小叶披针形，内卷，叶背疏被毛。生长势强。

‘银红皱’

花粉紫色（CC 67D），单瓣型。花瓣 2 轮，倒卵形，分布比较均匀的较深粉紫色小斑点，内轮瓣端部常浅裂；雌雄蕊正常，花丝黄色，心皮 4 枚，红棕色，被毛，柱头紫红色。花枝较细，有紫晕，花朵直上。中花品种。

植株中高，直立形。中型长叶。生长势强。

‘英姿’

花紫红色（CC 71A），有光泽，单瓣型。花瓣 2~3 轮，长倒卵形，瓣端圆整或浅裂，瓣质较硬；雌雄蕊正常，心皮 3~5 枚，光滑，柱头粉红色。花蕾圆球形，不绽口；侧蕾 0~2 个。花枝紫红色，硬直，花朵直上。早花品种。

植株中高，直立形。小叶阔披针形，叶深绿色，叶柄、叶脉及叶缘均为深紫红色；叶背无毛。生长势强。

‘玉蝶展翅’

花白色（CC NN155D），单瓣型。花瓣长倒卵形；雌雄蕊正常，花丝黄色，心皮 3~5 枚，浅绿色，柱头乳白色。花枝细，有紫晕，花朵直上或侧开。中花品种。

植株中高，半开展形。中型长叶。生长势中等。

‘紫蝶展翅’

花浅紫色（CC 64C），单瓣型。花瓣 2~3 轮，倒卵形，微皱，内轮瓣端部浅齿裂；雌雄蕊正常，花丝黄色，心皮 3~5 枚，浅绿色，柱头乳白色。花枝细，花朵直上。中花品种。

植株较高，直立形。中型长叶。生长势强。

‘紫莲望月’

花紫红色（CC 59A），单瓣型。花瓣2轮，质地较厚，长倒卵形，有光泽；雌雄蕊正常，花丝粉紫色，花药黄色，心皮3~6枚，柱头紫红色。花枝中粗且硬，花朵直上。早花品种。

植株较高，直立形。小型长叶，叶背被疏毛。生长势中等。

荷花型

‘粉蓝娇娃’

花粉蓝色（CC N74D），荷花型，偶呈千层台阁型。外瓣2轮较大，向内渐小，端部浅齿裂；雌雄蕊正常，花丝黄色，心皮3~4枚，柱头紫红色。花枝中粗，有紫晕，花朵直上或侧开。中花品种。

植株中高，半开展形。中型圆叶。生长势中等。

‘红艳艳’

花艳紫红色（CC 58B），荷花型。花瓣4~5轮，阔倒卵形，外瓣端部常有一缺刻，内轮瓣端部浅齿裂；雌雄蕊正常，偶有数瓣雄蕊瓣化的小花瓣，心皮3~5枚，柱头乳白色。花枝中粗，较硬，花朵直上。中花品种。

植株中高，直立形。中型长叶。生长势中等。

‘飘江红’

花紫红色（CC 58B），荷花型。花瓣 4~5 轮，倒卵形，有光泽，端部常浅裂；雌雄蕊正常，花丝粉紫色，柱头乳白色。花枝细硬，花朵直上。中花品种。

植株中高，直立形。中型长叶。生长势中等。

‘仙桃会’

花绿色（CC 142C），荷花型。花瓣长椭圆形，端部红色，质地较硬；大部分雄蕊正常，少量雄蕊瓣化；雌蕊正常，心皮 4~5 枚，绿色，柱头白色。花枝细，花朵直上或侧开。花期长，晚花品种。

植株中高，直立形。中型长叶，翠绿色。生长势中等。

‘玉翠麒麟’

花绿色（CC 142D），荷花型。花瓣长倒卵形，排列疏松，自外向内依次变小，花瓣表面白绿相间，端部浅齿裂；雌雄蕊正常，花丝黄色，心皮5~6枚，绿色，柱头乳白色。花枝中粗，花朵直上或侧开。晚花品种。

植株中高，直立形。中型长叶，黄绿色。生长势中等。

菊花型

‘粉蓝菊韵’

花粉紫色（CC 68A），菊花型。萼片瓣化成红粉绿相间的彩瓣，花瓣倒卵形，自外向内依次变小，端部颜色稍浅，浅齿裂；雌雄蕊正常，柱头紫红色。花枝中粗，花朵直上。早花品种。

植株中高，直立形。中型圆叶。生长势中等。

‘红升’

花玫红色（CC 79C），菊花型。花瓣较圆整，自外向内渐小；雌蕊 4~5 枚，心皮光滑，柱头白色。花蕾圆球形，不绽口。花枝挺直，有紫红晕，花朵直上。中花品种。

植株中高，半开展形。小叶披针形，内卷，叶背无毛。生长势强。

‘金奖红’

花红色（CC 68B），微紫，菊花型，偶呈蔷薇型。花瓣多轮，倒卵形；雄蕊基本正常，花丝黄色，较细；雌蕊稍小，柱头粉红色。花枝中粗，花朵直上或侧开。中花品种。

植株较高，半开展形。中型长叶。生长势强。

‘茄紫焕彩’

花浅紫色（CC 74A），微红，菊花型。花瓣倒卵形，平展，端部发白有浅缺刻，自外向内依次变小；雌雄蕊正常，花丝粉紫色，心皮 3~5 枚，柱头浅粉色。花枝细，花朵直上。中花品种。

植株中高，直立形。中型长叶。生长势较弱。

‘桃花迎霞’

花粉色（CC 67C），菊花型。花瓣倒卵形，外瓣稍大，内瓣稍小，端部浅齿裂；雌雄蕊正常，花丝黄色，心皮 3~4 枚，柱头乳白色。侧蕾 1~2 个。花枝中粗，花朵侧开。晚花品种。

植株较高，半开展形。中型长叶。生长势强。

‘晚霞红’

花紫红色（CC 61A），菊花型。花瓣由外向内渐小；花心处有少量正常雄蕊，非常醒目；雌蕊 3~5 枚，退化变小，心皮疏被毛，柱头紫红色。花枝细而较软，花朵侧开。中花品种。

植株中高。小叶披针形，叶背无毛。生长势中等。

蔷薇型

‘百花紫’

花紫色（CC 64A），蔷薇型。外瓣大，2~3 轮，倒卵形，内瓣稍小，且由外至内渐小，排列整齐；花心具极少量雄蕊；雌蕊约 5 枚，心皮无毛，柱头紫红色。花蕾圆球形，不绽口，蕾期可见明显彩瓣化的萼片。花枝长达 110cm，茎绿色，较硬，花朵直上。中花品种。

植株较高大，直立形。小叶阔披针形，叶背被毛。生长势强。

‘彩绣球’

花浅紫色（CC N66C），微粉，蔷薇型。外瓣 2~3 轮，倒卵形，有分布不均的紫红色条纹，端部浅齿裂，内瓣稍小，偶有紫红色条纹；大部分雄蕊瓣化；雌蕊较正常，心皮 5 枚，柱头变长，粉红色。花蕾圆柱形，萼片边缘紫红色。花枝细，花朵直上。中花品种。

植株中高，直立形。中型长叶。生长势中等。

‘大朵红’

花玫红色（CC 74A），蔷薇型。花瓣多轮，瓣端常浅裂，自外向内渐小；雄蕊无；雌蕊退化。花蕾长卵状椭球形，不绽口，侧蕾 0~2 个。花枝长可达 1m，较软，茎浅紫红色，花朵侧开或侧垂。中花品种。

植株中高，半开展形。中型长叶，小叶宽卵形，叶背无毛。生长势中等。

‘大红袍’

花浅紫红色（CC N58C），蔷薇型，偶有菊花型。外瓣2轮，倒卵形，稍大，端部浅齿裂，自外向内渐小，花瓣端部常有一白边；雌雄蕊退化变小，心皮3~4枚，柱头乳白色。着花量较大，花枝中粗，花朵侧开。中花品种。

植株高大，半开展形。中型长叶。生长势强。

‘黛玉’

花粉白色（CC 65B），蔷薇型或菊花型。花瓣多轮，倒卵形，常有紫晕，端部浅齿裂，自外向内依次变小；雄蕊部分正常，花丝黄色；心皮 3~5 枚，被毛，柱头乳白色。花枝中粗，花朵直上或侧开。中花品种，偏晚。

植株中高，半开展形。中型长叶。生长势中等。

'富贵蓝'

花粉蓝色（CC 75B），蔷薇型。花瓣多轮，基部4~6轮大小相近，排列整齐，内瓣整体呈渐上渐小趋势，不过内瓣间也常夹杂有细碎花瓣。花蕾圆球形，不绽口，较为洁净。花枝较硬，花朵直上或侧开。中花品种。

植株中高。小叶披针形，内卷，叶背沿叶脉被毛。生长势中等。

‘红彩球’

花紫红色（CC 58B），蔷薇型。外瓣大，2 轮，倒卵形，花瓣端部中央有一浅裂，内有数轮较小的花瓣；雄蕊部分正常，中心有少量稍大的花瓣；雌蕊正常，柱头红色。花枝中粗，花朵侧开。中花品种。

植株中高，半开展形。中型长叶。生长势中等。

‘红阁’

花紫红色（CC 61A），有光泽。蔷薇型。花瓣长倒卵形，多轮，渐内渐小；花心处有少量正常雄蕊；雌蕊约 6 枚，较小，心皮光滑，柱头米白色。花蕾圆球形，不绽口。花枝较软，花朵侧开。不耐晒。中花品种。

植株中高，开展形。小叶披针形，内卷，叶背无毛。该品种原名‘红楼金辉’。

‘红光夺目’

花玫红色（CC 67B），鲜丽有光泽，蔷薇型。外瓣大，4~5 轮，倒卵形，由外至内渐小，排列整齐；花心处有少量正常雄蕊；雌蕊 3~5 枚，退化变小，柱头乳白色。花蕾圆球形，不绽口，可见明显彩瓣化的萼片。花枝长约 90cm，茎较硬挺，花朵直上或侧开。中花品种。

植株中高，直立形。小叶披针形，叶背被毛。生长势强健。

‘欢妍’

花粉紫色（CC 68B），蔷薇型。花瓣多轮，外瓣长倒卵形，自外向内依次变小，端部浅齿裂，颜色稍浅；雄蕊部分正常，杂于瓣间；雌蕊变小。花枝中粗，花朵直上。中花品种。

植株中高，直立形。中型圆叶。生长势中等。

‘玫瑰红’

花紫红色（CC 61B），蔷薇型。外瓣较大，倒卵形，3~4 轮，内瓣较小，瓣端浅齿裂；雄蕊大部分瓣化，少量正常，杂于瓣间；雌蕊正常，心皮 3~5 枚，被毛，柱头粉色。花枝细硬，花朵侧开。中花品种。

植株中高，半开展形。小型长叶。生长势较强。

‘平顶粉’

花浅粉色（CC 62D），蔷薇型。外瓣稍大，阔倒卵形，内瓣渐小，端部波曲，浅齿裂，颜色稍浅；雄蕊瓣化；雌蕊退化变小。花朵顶部平整。花枝较细，花朵侧开。晚花品种。

植株较高，开展形。中型长叶，小叶边缘稍波曲。生长势强。

‘细茎红’

花红色（CC 62B），蔷薇型。外瓣 2~3 轮，稍大，向内渐小；雄蕊大部分瓣化，少量正常的雄蕊杂于瓣间；雌蕊较正常，心皮被毛，柱头浅黄色。花枝细，花朵侧开。晚花品种。

植株中高，半开展形。中型长叶。生长势中等。

‘向阳红’

花紫红色（CC N57C），蔷薇型。花瓣多轮，自外向内依次变小，端部浅齿裂；部分雄蕊正常；雌蕊正常，柱头粉红色。花枝中粗，花朵侧垂。中花品种。

植株中高，开展形。中型长叶。生长势中等。

‘英雄花’

花紫红色（CC 59A），菊花型或蔷薇型。外轮花瓣阔倒卵形，自外向内依次变小，质地较厚硬；部分雄蕊瓣化，少量正常；雌蕊正常，心皮 3~5 枚，柱头浅粉色。花枝中粗，花朵直上或斜伸向上。中花品种。

植株高大，直立形。小叶长卵形，叶背被毛。生长势强。

‘迎夏粉’

花粉蓝色（CC 73B），蔷薇型。花瓣多轮，长倒卵形，自外向内依次变小，端部浅齿裂；部分雄蕊变宽趋于瓣化，中心常有数瓣小花瓣；雌蕊退化变小。花枝中粗，花朵直上。晚花品种。

植株中高，直立形。中型长叶。生长势强。

‘紫凤藏金’

花紫红色（CC 61B），蔷薇型。外层花瓣倒卵形，平展，自外向内依次变小；部分雄蕊瓣化，少量正常雄蕊杂于瓣间，花丝粉色；心皮较多，被毛，柱头粉色。花枝中粗，花朵侧开。中花品种，偏早。

植株中高，半开展形。中型长叶。生长势中等。

‘紫凤魁’

花紫红色（CC 63A），蔷薇型。外瓣大，2轮，阔倒卵形，向内渐小，端部浅齿裂；雄蕊大部分瓣化；雌蕊退化变小或消失。花枝中粗，花朵侧开。中花品种。

植株中高，半开展形。中型长叶。生长势强。

‘紫红魁’

花紫红色（CC N66B），蔷薇型。外瓣稍大，内瓣渐小，花瓣有光泽；少部分雄蕊正常，杂于瓣间；心皮3枚，柱头白色。花蕾圆球形。花枝中粗，花朵侧开。中花品种。

植株稍高，半开展形。中型长叶，枝叶密集。生长势强。

‘紫茎红’

花粉红色（CC N57D），蔷薇型。外瓣长倒卵形，自外向内依次变小，端部浅齿裂；雄蕊部分瓣化，部分正常的雄蕊杂于瓣间；雌蕊正常，柱头粉色。花枝中粗，有紫晕，花朵直上或侧开。中花品种。

植株中高，半开展形。中型长叶。生长势中等。

金蕊型

‘红盘金球’

花复色，金蕊型。外瓣粉紫色（CC 61C），雄蕊瓣化的针状花瓣黄色，基部紫红色。外瓣倒卵形，2~3 轮；内花瓣线形、带形或狭窄倒卵形，瓣端略扭曲，残存花药痕迹，排列整齐；雄蕊全部瓣化；雌蕊正常，6~8 枚，柱头紫红色。花蕾圆球形，不绽口，侧蕾少见。中花品种。

植株较低矮，直立形。小叶披针形，叶缘波状，内卷；叶背被毛。生长势中等。

‘金鸾轻舞’

花复色，金蕊型。外瓣紫红色（CC 71C），长倒卵形，大而平展，花瓣边缘圆整或偶有浅裂；雄蕊瓣化，瓣化的花丝为针形至带形，黄色泛紫红色晕，瓣化的花药则变大，较花丝扁阔，褶状扭曲，先端金黄色（4C）；心皮 3~4 枚，柱头紫红色。花蕾圆球形，不绽口；侧蕾 1~2 个。花枝较硬，花朵直上。早花品种。

植株较低矮，直立形。小叶披针形至长椭圆形，叶绿色，中度纵向内卷，叶缘波状扭曲；叶背无毛。生长势中等。

‘金山瑞璞’

花复色，侧蕾金蕊型，顶花金环型。花瓣 2~3 轮，玫红色（CC 61C），倒卵形，边缘微皱；雄蕊变宽而长，顶花中心有稍小的花瓣，金黄色；心皮 3~5 枚，有毛，柱头浅黄色。侧蕾高于顶花。花枝中粗，花朵直上或侧开。中花品种。

植株中高，半开展形。中型长叶。生长势中等。

‘金丝贯顶’

花复色，金蕊型。外瓣大，2 轮，倒卵形，端部常 1 浅裂，粉紫色（CC N66D）；雄蕊全部瓣化成针形至窄带形花瓣，黄色（CC 3C），端部常残留未完全瓣化的花药；柱头粉色。花枝中粗，花朵直上。中花品种。

植株中高，直立形。中型长叶。生长势中等。

‘彤云金焰’

花复色，金蕊型。外瓣紫红色（CC 71C），倒卵形；雄蕊瓣化，瓣化的花丝为细线形，黄色泛紫红色晕，瓣化的花药则变大，较花丝扁阔，先端金黄色；心皮 3~4 枚，柱头黄色。花蕾圆球形，不绽口；有侧蕾。花枝挺直纤细。中花偏晚品种。

植株中高，直立形。小叶披针形至长椭圆形，叶面绿色，轻度纵向内卷。本品种是从芍药‘莲台’播种苗中选育而成。

托桂型

‘宝钗’

花复色，托桂型。外瓣紫红色（CC 71A），内瓣浅紫红色，端部白色。外瓣大，2~3 轮，倒卵形，端部常浅裂；内瓣多为楔形（钗状），端部浅齿裂，近外大瓣的内瓣为线形；雌蕊正常，3~5 枚，心皮光滑，柱头粉紫色。花蕾椭球形，不绽口。花枝细而硬，花朵直上。中花品种。

植株较低矮，直立形。小叶披针形，叶背有毛。生长势中等。

‘长寿红’

花紫红色（CC 58B），托桂型。外瓣大，2 轮，长倒卵形；雄蕊全部瓣化成带形花瓣，端部齿裂；雌蕊正常，通常 3 枚，柱头白色。花枝细，花朵直上。中花品种。

植株中高，直立形。中型长叶。生长势中等。

‘春晓’

花复色，托桂型。外瓣 2 轮，粉紫色（CC 68B）；内瓣浅粉色（CC 63D），为雄蕊瓣化瓣，偶有少数大瓣；雌蕊基本正常，柱头浅黄色。花蕾圆球形，无裂口。花朵直上，开花量大。中花品种。

植株中高，直立形。小型长叶，小叶深绿色。生长势中等。

‘蝶恋花’

花复色，托桂型。外瓣 2 轮，玫红色（CC N57D），阔倒卵形，内瓣为雄蕊瓣化成的窄带形花瓣，端部齿裂，乳白色（CC 159D），常杂有粉紫色小花瓣；雌蕊正常，心皮 3~4 枚，被密毛，柱头红色。花枝细，花朵直上。早花品种。

植株较矮，直立形。小型长叶。生长势中等。

‘蝶恋奇花’

花复色，托桂型。外瓣 2 轮，倒卵形，浅玫红色（CC 63C）；内瓣为雄蕊瓣化瓣，浅粉色（CC 62D），近基部色深，基部黄色，常有数枚玫红色花瓣杂于瓣间，且高于粉色花瓣；雌蕊正常，心皮 3~5 枚，柱头浅粉色。花枝中粗，花朵直上或斜伸向上。中花品种。

植株较高，直立形。小叶长卵形，叶背无毛。生长势强。

‘飞凤羽’

花紫红色（CC 61C），托桂型。外瓣大，2轮，倒卵形，边缘微皱，稍翻卷；内瓣为雄蕊瓣化成的小瓣，端部浅齿裂，雄蕊全部瓣化，盛开后内瓣颜色变浅。花枝中粗，花朵直上或侧开。早花品种。

植株高大，直立形。小型长叶，小叶披针形，叶缘稍上卷。生长势中等。

‘粉莲锦球’

花复色，托桂型。外瓣2轮，粉色（CC 63C）倒卵形，端部常有1~2缺刻；雄蕊全部瓣化成稍宽的带形花瓣，乳黄色，密布粉晕，密集排列于花心；雌蕊正常，心皮3~5枚，被毛，柱头红色。花枝中粗，花朵直上。中花品种。

植株中高，直立形。中型圆叶。生长势中等。

‘凤巢雏羽’

花粉紫色（CC 67B），托桂型。外瓣大，2 轮，倒卵形，端部中央有一缺刻；雄蕊全部瓣化成窄带形花瓣，基部浅黄色，端部浅齿裂；心皮 3~5 枚，浅红褐色，被毛，柱头粉白色。常有 2 个侧蕾，花枝细，花朵直上。早花品种。

植株中高，直立形。小型长叶。生长势中等。

‘凤头红’

花紫红色（CC 58C），托桂型。外瓣大，2 轮，倒卵形，平展；雄蕊全部瓣化成带形花瓣，排列整齐，端部浅齿裂；心皮浅绿色，柱头乳白色。侧蕾 2~3 个，花枝细，花朵直上。中花品种。

植株中高，半开展形。中型长叶。生长势中等。

‘佛光’

花复色，托桂型。外瓣粉紫色（CC 64D），雄蕊瓣化的针状花瓣黄色（11B），基部色深。外瓣长倒卵形，2~3 轮；内瓣针状，瓣端龙爪状扭曲，残存花药痕迹，排列整齐；雄蕊全部瓣化；雌蕊正常，3~4 枚，柱头紫红色。花蕾圆球形，不绽口，侧蕾 0~2 个。花枝细，仅略高于叶幕。中花品种。

植株较高。小叶较肥大，阔椭圆形，叶缘波状内卷，叶背无毛。生长势中等。

‘佛光烛影’

花复色，托桂型。外瓣大，2 轮，玫红色（CC 63B），倒卵形，端部中央常有一缺刻；雄蕊全部瓣化成带形花瓣，浅粉紫色（CC 62D），端部颜色浅，基部浅黄色，偶有数瓣玫红色稍宽的带形花瓣；心皮 3~5 枚，黄绿色，柱头粉红色。侧蕾 1~2 个，花枝较细，花朵直上。中花品种，偏晚。

植株中高，直立形。中型长叶。生长势强。

‘工献奇花’

花复色，托桂型。外瓣 2 轮，紫红色（CC N66B），倒卵形，端部浅齿裂；内瓣为雄蕊瓣化瓣，窄带形，基部粉紫色，端部粉白色（CC 62C），渐尖，浅齿裂，偶有数瓣稍宽的紫红色花瓣；心皮 3~4 枚，柱头红色。侧蕾 1~2 个。花枝细，花朵直上。中花品种。

植株中高，直立形。中型长叶。生长势中等。

‘观音座’

花复色，托桂型。外瓣2轮，粉紫色（CC 62B），长倒卵形；雄蕊全部瓣化为带形花瓣，浅粉紫色，中肋常泛黄，端部齿裂色浅；雌蕊正常，柱头粉色。花枝细硬，浅紫红色，花朵直上。中花品种。

植株中高，直立形。小型长叶。生长势中等。

‘红菊’

花复色，托桂型。外瓣2轮，阔倒卵形，宽大平展，端部稍皱褶，深玫红色（CC N57C）；雄蕊全部瓣化为窄带形花瓣，偶有宽带形，端部粉白色（CC 49C）；柱头黄白色。花枝细硬，花朵直上或侧开。中花品种。

植株较高，半开展形。中型长叶。生长势中等。

‘红绫金花’

花复色，托桂型。外瓣粉紫色（CC 64C），内瓣米黄色（9D）。外瓣大，2~3 轮，倒卵形，较圆整；内瓣针状，簇生成球状，全部由雄蕊瓣化而来；雌蕊正常，6~7 枚，心皮光滑，柱头米白色。花蕾圆球形，不绽口。花枝较硬，花朵直上。中花品种。

植株中高，直立形。小叶披针形，叶缘波状，内卷；叶背无毛。生长势中等。

‘红毛菊’

花红色（CC 67C），微紫，托桂型。外瓣大，2 轮，阔倒卵形；雄蕊全部瓣化，瓣化瓣窄带形，端部齿裂，裂片长尾尖；心皮 3~5 枚，绿色，被毛，柱头绿白色。花枝细硬，花朵直上。中花品种，偏晚。

植株中高，直立形。中型长叶。生长势中等。

‘红梅’

又名红银针，花紫红色（CC 61A），托桂型。外瓣 2 轮，长倒卵形；内瓣为雄蕊瓣化的带形花瓣，端部齿裂发白；雌蕊正常，心皮 3~5 枚，柱头粉色。花枝细硬，花朵直上。中花品种。

植株中高，直立形。小型长叶。生长势中等。

‘红盘洒金’

花复色，托桂型。外瓣大，2~3 轮，粉红色（CC N57D），倒卵形，圆整，平展；内瓣黄粉色（CC 38C），为雄蕊瓣化的窄带形小瓣，端部常残留未完全瓣化的花药，花心偶有稍宽的带形粉红色花瓣；心皮 3~5 枚，被毛，柱头粉红色。花枝中粗，花朵直上。中花品种。

植株稍矮，直立形。中型长叶，翠绿色。生长势中等。

‘红盘托彩’

花复色，托桂型。外瓣玫红色（CC 61B），内瓣基部浅紫红色（CC 64C）、端部黄色渐变为白色（155B）。外轮花瓣倒卵形，圆整；内轮花瓣匙形，瓣端梯状渐尖；雌蕊 5~9 枚，心皮光滑，柱头紫红色。花蕾圆球形，不绽口。花枝挺直，花朵直上。中花品种。

植株中高，直立形。小叶披针形，内卷，叶背无毛。生长势中等。

‘红羽冠’

花玫红色（CC 60B），托桂型。外轮花瓣长倒卵形，圆整；内轮花瓣长倒卵形或匙形，瓣端细齿裂；雌蕊 4~6 枚，心皮光滑，柱头乳白色。花蕾圆球形，不绽口。花枝挺直，花朵直上。中花品种。

植株中高，直立形。小叶长椭圆形，内卷，叶背无毛。生长势较强。该品种是栽培芍药中少有的内外瓣同色的托桂型品种之一。

‘红羽球’

花紫红色（CC 61A），托桂型。外瓣 2 轮，阔倒卵形；内瓣为雄蕊瓣化瓣，排列整齐，端部浅齿裂；雌蕊正常，心皮 3~5 枚，被毛，柱头乳白色。花枝中粗，花朵直上，成花率高，开花量大。中花品种。

植株中高，直立形。小型长叶，叶背被毛。生长势中等。

‘红晕托金’

花复色，托桂型。外瓣大，粉白色，中肋处密布紫红色（CC 68A）斑点，内部雄蕊瓣化瓣黄色（2A）、端部泛白。外瓣倒卵形，较圆整，2~3 轮；内瓣带形或狭长倒卵形，端部浅齿裂，排列整齐；雄蕊全部瓣化为内瓣；雌蕊正常，多为 4 枚，心皮光滑，柱头浅黄色。花蕾圆球形，不绽口，侧蕾 0~2 个。花枝具紫红晕，较硬，花朵直上。中花品种。

植株较低矮，直立形。小叶披针形，叶缘波状，内卷；叶背无毛。生长势较弱。该品种原名‘黄玉簪’。

‘蝴蝶戏金花’

花复色，托桂型。外瓣 2 轮，粉色（CC 65B），倒卵形；雄蕊基本瓣化为小瓣，黄白色（CC 4D），瓣端浅齿裂，花朵上部常有数个较大花瓣，与外瓣同色；雌蕊正常，柱头红色，心皮 3~5 枚，被毛。花枝较细，花朵侧开。花期较早。

植株中高，半开展形。小型长叶，黄绿色，叶缘波曲稍上卷。生长势中等。

‘黄金丝’

花复色，托桂型。外瓣 2 轮（CC 67C），浅粉色，倒卵形，端部边沿颜色浅；雄蕊瓣化为针形或细带形花瓣，偶有稍宽的带形花瓣，粉黄色（CC 6D）；雌蕊正常，心皮 3~5 枚，被毛，柱头粉色。花枝中粗，花朵直上或侧开。中花品种。

植株中高，直立形。小型长叶。生长势中等。

‘火炬’

花紫红色（CC 60D），有光泽，托桂型，偶呈皇冠型。外瓣大，2 轮，长倒卵形；雄蕊全部瓣化成带形呈托桂型或中心花瓣稍大呈皇冠型；雌蕊正常，心皮 3~5 枚，被毛，柱头粉白色。花蕾圆球形，无绽口，侧蕾较少。花枝中粗，花朵侧开。中花品种，偏早。

植株较高，半开展形。小型长叶，叶被疏毛。生长势中等。

‘火炼赤金’

花玫红色（CC 67A），托桂型。外瓣 2 轮，长椭圆形，上翘内抱，端部有多个浅齿裂；雄蕊大部分瓣化成针形或较细的带形花瓣，端部齿裂，常残留尚未完全瓣化的黄色花药，中心偶有几枚稍大的瓣化瓣；雌蕊正常，心皮 5 枚，被毛，柱头粉白色。花枝细硬，花朵直上。侧蕾少，中花品种。

植株中高，直立形。叶深绿，叶背被疏毛。生长势中等。

‘金光璀璨’

花复色，托桂型。外瓣玫红色（CC 64A），内瓣下部浅紫红色，上部黄色（155B）。外瓣大，2~3 轮，倒卵形，较圆整；内瓣针状，簇生，全部由雄蕊瓣化而来；雌蕊正常，5~9 枚，柱头米白色。花蕾圆球形，不绽口。花枝较硬，花朵直上或侧开。中花品种。

植株中高，直立形。小叶披针形，叶缘波状，内卷；叶背无毛。生长势强。该品种原名‘荷花灯’。

‘金光闪烁’

花复色，托桂型。外瓣 2 轮，卵形，紫红色（CC N66B）；雄蕊全部瓣化成窄带形花瓣，粉红色（CC 65A），端部色浅，并残留未完全瓣化的黄色花药；柱头粉红色。花枝细，花朵直上。中花品种。

植株中高，直立形。中型长叶。生长势中等。

‘金色年华’

花复色，托桂型。外瓣紫红色（CC 71A），倒卵形，大而平展，花瓣边缘圆整或偶有浅裂；雄蕊完全瓣化，披针形，先端尖，金黄色（4B）；心皮 3~5 枚，柱头浅粉红色（65B）。花蕾圆球形，不绽口；侧蕾 1~2 个。花枝较硬，花朵直上。中花品种。

植株较低矮，直立形。小叶披针形至长椭圆形，叶绿色，纵向内卷；叶背无毛。生长势强。

‘金太阳’

花粉紫色 (CC 68B)，托桂型。外瓣 2 轮，倒卵形；雄蕊全部瓣化成针形或窄带形花瓣，端部残留未完全瓣化的花粉囊；心皮 3~5 枚，柱头浅粉色。花枝中粗，花朵直上，中花品种。

植株中高，半开展形。中型圆叶。生长势中等。

‘金星烂漫’

花紫红色（CC 61C），托桂型。外瓣2轮，阔倒卵形；雄蕊全部瓣化成带形花瓣，端部色浅，浅齿裂，常残留少量未完全瓣化的黄色雄蕊；雌蕊正常。花枝中粗，花朵直上。中花品种。

植株中高，直立形。中型长叶。生长势中等。

‘金星瑞璞’

花紫红色（CC 71C），托桂型。外瓣大，2轮，阔倒卵形；雄蕊全部瓣化为紫红色针状小瓣，小瓣下部颜色浅，粉紫色，端部边缘黄色，为未完全瓣化的雄蕊；心皮3~4枚，柱头粉色。花枝中粗，花朵直上。成花率高。中花品种。

植株中高，直立形。中型长叶，叶柄向阳面紫红色。生长势中等。

‘金星闪烁’

花复色，托桂型。外瓣2轮，玫红色（CC 60B）；内瓣为雄蕊瓣化瓣，粉紫色，基部黄色，端部颜色浅（CC 65D），有浅齿裂，有没有完全瓣化的花药残留；雌蕊较正常，心皮4~6枚，柱头浅黄色，微粉。花枝中粗，花朵直上。中花品种。

植株中高，直立形。小型长叶。生长势中等。

‘金簪刺玉’

花复色，托桂型。外瓣 2 轮，阔倒卵形，初开白色有粉晕，盛开白色，端部中央常浅裂；内瓣为雄蕊瓣化的带形小瓣，偶有稍大花瓣，初开浅黄色（CC 4C），盛开白色；雌蕊正常，心皮灰绿色，被毛，柱头乳白色。花枝粗硬，花朵直上。开花量大。中花品种。

植株中高，直立形。小型长叶，叶缘稍曲折，深绿色。生长势强。

‘金簪花’

花复色，托桂型。外瓣紫红色（CC 64B），内瓣基部黄色、中部紫红色、端部黄色。外瓣倒卵形，2 轮；内瓣由雄蕊瓣化而来，倒卵形，瓣端浅齿裂，排列整齐；雌蕊正常，3~5 枚，心皮光滑，柱头紫红色。花蕾球形，不绽口。花枝较硬挺，花朵直上。中花品种。

植株较低矮，半开展形。小叶披针形，叶缘波状，内卷；叶背无毛。生长势中等。

‘菊峰’

花红色（CC 62C），微紫，托桂型，偶呈皇冠型。外瓣 2 轮，长倒卵形；内瓣为雄蕊瓣化瓣，端部齿裂且颜色浅；雌蕊基本正常，心皮 2~3 枚或退化变小，柱头紫红色。花枝中粗，花朵直上或侧开。中花品种，偏晚。

植株较高，直立形。中型长叶。生长势强。

‘蓝绒花’

花粉蓝色（CC 68B），托桂型。外瓣大，2 轮，倒卵形；内瓣为雄蕊瓣化的带形花瓣，基部浅黄色，端部浅齿裂；心皮 3 枚，被毛，柱头乳白色。花枝中粗，花朵直上。中花品种，偏早。

植株中高，直立形。小型长叶，叶缘波曲。生长势中等。

‘莲台’

花复色，托桂型。外瓣 2 轮，粉红色（CC 67C），微紫，倒卵形；内瓣为雄蕊瓣化的小花瓣，浅粉色（CC 29C）；雌蕊正常，心皮 4~6 枚，柱头乳白色。花枝中粗，花朵直上。侧蕾较多，成花率高，开花量大。中花品种，偏早。

植株较矮，直立形。小型长叶。生长势强。也有人认为该品种是传统品种。

‘莲台子’

花复色，托桂型。外瓣 2 轮，粉紫色（CC 73B），倒卵形；雄蕊全部瓣化成针形或窄带形花瓣，初开黄白色（CC 4C），盛开乳白色；雌蕊正常，心皮 3~4 枚，柱头红色。侧蕾较少，花枝细而硬，花朵直上。开花量较大。中花品种，偏早。

植株较矮，直立形。小型长叶。生长势中等。

‘流光争艳’

花复色，托桂型。外瓣紫红色（CC 71B）；内瓣基部和中部与外瓣同色，瓣端呈晕状浅黄色。外瓣 2~3 轮，倒卵形，大而平展，花瓣边缘圆整或偶有浅裂；雄蕊完全瓣化，窄倒卵形，先端具齿，多轮，排列整齐，偶有纯的紫红色大瓣跃出；雌蕊 4~5 枚，柱头紫红色。侧蕾无。花枝较硬，花朵直上。中花偏晚品种。

植株低矮，直立形。小叶披针形，纵向内卷，叶缘波状。生长势中等。该品种从‘紫凤羽’实生苗中选育。

‘鲁西红’

花紫红色（CC 58B），托桂型。外瓣大，2轮，倒卵形；内瓣为雄蕊瓣化的带形花瓣，端部浅齿裂，雄蕊全部瓣化；雌蕊正常。花枝中粗，花朵直上。中花品种。

植株中高，直立形。中型长叶。生长势中等。

‘美菊’

花复色，托桂型。外瓣2轮，倒卵形，玫红色（CC 64B）；雄蕊瓣化为带形花瓣，端部齿裂，粉白色（CC 62D），下部色深，基部黄色；雌蕊正常，心皮3~5枚，柱头红色。花枝中粗，花朵直上。开花量大，早花品种。

植株较矮，直立形。小型长叶，小叶披针形，叶背被毛。生长势中等。

‘摩登女郎’

花复色，托桂型或金蕊型。外瓣 2 轮，倒卵形，浅粉紫色（CC 65D），后期颜色变浅；雄蕊变宽大或成针状瓣，端部粉白色或有花药残留（CC 18D），基部浅黄色；雌蕊正常，心皮 3~5 枚，被毛，柱头红色。花枝中粗，花朵直上。中花品种。

植株中高，直立形。中型长叶。生长势中等。

‘盘托金花’

花复色，托桂型。外瓣 2 轮，浅粉紫色（CC 65B），有均匀的粉紫色小斑点；雄蕊全部瓣化成浅黄色带形花瓣（CC 10C），端部齿裂；柱头粉白色。花枝中粗，花朵直上。中花品种。

植株稍矮，直立形。小叶阔披针形。生长势中等。

‘盘托金球’

花复色，托桂型。外瓣大 2 轮，浅蓝粉色（CC 65C），长倒卵形；雄蕊全部瓣化成针状小瓣，黄色（CC 12C），端部常残留未完全瓣化的花药；心皮 3~5 枚，光滑，心皮柱头均为浅紫红色。花蕾圆球形。花枝中粗，花朵直上或侧开。中花品种。

植株中高，直立形。小型长叶。生长势强。

‘盘托绒花’

花红色（CC 74B），托桂型。外瓣 2 轮，倒卵形；内瓣为雄蕊瓣化的小瓣，颜色粉、红不一；雌蕊正常，偶有瓣化，心皮 3~5 枚，被毛，柱头浅粉色。花蕾圆球形，无绽口。花枝细，花朵直上。开花量大，中花品种，偏早。

植株中高，直立形。小型长叶，深绿色。生长势中等。

‘奇花露霜’

花复色，托桂型。外瓣 2 轮，倒卵形，玫红色（CC 67C）；内瓣为雄蕊瓣化的浅粉色小瓣（CC 62D），小瓣之间常有玫红色小花瓣翘起；雌蕊偶有瓣化，心皮 1~5 枚，被毛，柱头粉色。花枝较粗，花朵直上或侧开。成花率高。中花品种。

植株较高，半开展形。中型长叶。生长势强。

‘巧灵’

花复色，托桂型。外瓣 2 轮，浅粉白色（CC N155D），倒卵形；内瓣为雄蕊瓣化的条状小瓣，内瓣初开为黄色（CC 5C），后期为黄白色，雄蕊全部瓣化；雌蕊正常，心皮棕红色，3~4 枚，被毛，柱头红色。花枝细，花朵直上，侧蕾 2~3 个。开花量大。早花品种。

植株较矮，直立形。小型长叶。生长势强。

'群蝶会'

花复色，托桂型。外瓣大，2 轮，倒卵形，初开红色，盛开粉色（CC 67C）；内瓣为雄蕊瓣化瓣，窄带形，基部黄色，初开粉紫色，盛开粉白色（CC 62C）；心皮 3 枚，柱头粉色。花枝较细，花朵直上。中花品种。

植株中高，直立形。中型长叶。生长势中等。

‘群蝶金’

花复色，托桂型。外瓣玫红色（CC 67B），内瓣基部黄色，上部玫红色。外瓣 2~3 轮，倒卵形，较圆整；内瓣针状，有扭曲，与‘火炼赤金’相似。花蕾圆球形，不绽口。花枝挺直，花朵直上。中花品种。

植株较矮，直立形。小叶披针形，叶背无毛。生长势中等。

‘瑞璞锦绣’

花复色，托桂型。外瓣大，2轮，浅粉紫色（CC 68D）；内瓣为雄蕊瓣化瓣，有粉色（CC N66C）和粉白色或两色相间，基部浅黄色，端部浅齿裂，雄蕊全部瓣化。花枝中粗，花朵直上或侧开。早花品种。

植株稍矮，直立形。中型长叶。生长势中等。

‘三色锦’

花复色，托桂型。外瓣2轮，倒卵形，玫红色（CC N66B）；内瓣全部为雄蕊瓣化瓣，带形，下部粉紫色，端部粉白色（CC 65D），浅齿裂；雌蕊正常，柱头粉色。侧蕾2个。花枝较细，花朵直上。中花品种。

植株中高，直立形。中型长叶。生长势中等。

‘胜莲台’

花复色，托桂型。外瓣 2 轮，倒卵形，粉紫色（CC 68B）；内瓣为雄蕊瓣化瓣，带形，粉白色（CC 73D），端部浅齿裂，基部浅黄色，常杂有稍大的具有白色条纹的粉紫色花瓣；心皮 3~5 枚，柱头乳白色。花枝中粗且硬，花朵直上。中花品种。

植株中高，直立形。小叶披针形至长椭圆形，纵向内卷。生长势中等。

‘手扶银须’

花复色，托桂型。外瓣 2 轮，紫红色（CC 58B），倒卵形；雄蕊全部瓣化成细带形浅粉色花瓣（CC 62C），下部颜色较深，基部黄色；心皮 3~5 枚，浅灰色，被毛，柱头浅粉色。花枝中粗，花朵直上。

植株中高，半开展形。小型长叶。生长势较弱。

‘淑妃’

花粉色（CC 63C），微蓝，托桂型，偶呈皇冠型。外瓣大，2 轮，倒卵形，平展；雄蕊全部瓣化为小花瓣，端部浅齿裂；雌蕊正常，心皮 4~5 枚，绿色，柱头白色。花枝细，花朵直上或侧开。花期长，中花品种，偏晚。

植株稍矮，直立形。中型圆叶。生长势中等。

‘桃花焕彩’

花艳红色（CC 44B），托桂型。外瓣 2 轮，阔倒卵形，稍内抱，端部中央常浅裂，花瓣有光泽；雄蕊全部瓣化成针状花瓣，端部尖端发白；心皮 3 枚，黄绿色，柱头白色。花枝细，花朵直上。早花品种。

植株中高，直立形。中型长叶。生长势中等。

‘万寿红’

花紫红色（CC 59A），托桂型。外瓣大，2 轮，倒卵形；内瓣为雄蕊瓣化的窄带形小瓣，偶有稍宽的带形瓣，花瓣有光泽；心皮 3~5 枚，柱头浅粉色。花枝中粗，花朵直上。中花品种。

植株稍矮，直立形。小型长叶。生长势中等。

‘五彩迎日’

花复色，托桂型。外瓣大，2 轮，阔倒卵形，紫红色（CC N66B）；雄蕊全部瓣化成窄带形花瓣，下部粉紫色（CC 68A），端部波曲，浅齿裂，颜色发白，并常杂有数瓣稍大的花瓣。花枝较细，花朵直上。中花品种。

植株稍矮，直立形。小型长叶。生长势中等。

‘向阳奇花’

花复色，托桂型。外瓣 2 轮，玫红色（CC 64B），倒卵形；雄蕊全部瓣化成粉白色（基部粉、向上渐白）的窄带形花瓣；雌蕊正常，柱头粉红色，心皮被毛。花蕾圆球形，无裂口，无侧蕾。花朵直上，花量较大。中花品种，偏早。

植株中高，直立形。小型长叶，叶缘稍上卷。生长势中等。

‘泻玉’

花白色（CC NN155D），托桂型，属于托桂型到皇冠型的过渡类型。外瓣大，2 轮，倒卵形，质地较薄；内瓣较小，为部分雄蕊瓣化而成，部分雄蕊正常；雌蕊正常，柱头白色。侧蕾 2~3 个。花枝中粗，有紫晕，花朵侧开。中花品种。

植株中高，半开展形。中型长叶。生长势中等。

‘绚丽多彩’

花复色，托桂型。外瓣 2 轮，玫红色（CC 58C）；内瓣为雄蕊瓣化的带形花瓣，端部粉色或黄色（CC 65D），并常有几枚红色花瓣间杂其间；雌蕊正常，心皮 3~5 枚，红棕色，被毛，柱头紫红色。花枝有紫晕，花朵直上或斜伸向上。中花品种，偏早。

植株较高，半开展形。中型长叶。生长势中等。

‘瑶池砚墨’

花墨紫红色（CC N57A），托桂型。外瓣大，2轮，倒卵形，端部常浅裂；内瓣为雄蕊瓣化瓣，带形，大小不一，端部浅齿裂，少部分雄蕊正常，杂于瓣间；雌蕊较正常，心皮3~4枚，被毛，柱头粉红色。花枝中粗，花朵直上。中花品种。

植株中高，直立形。中型长叶。生长势中等。

‘银盘掌金’

花白色（CC 155B），托桂型。外瓣大，2轮，倒卵形，平展，初开微粉；内瓣为雄蕊瓣化的带形瓣，端部浅齿裂，基部微黄；雌蕊正常，心皮3~5枚，绿色无毛，柱头乳白色。花枝中粗，花朵直上。中花品种。

植株中高，直立形。中型长叶。生长势中等。

‘玉兰金花’

花复色。托桂型。外瓣粉白色（CC 65D）；雄蕊瓣化瓣浅黄色（CC 155B）。外瓣 2 轮，长倒卵形，花瓣平展排列，瓣端有浅裂；内瓣全部由雄蕊瓣化而来，窄带形，排列整齐；雌蕊正常，2~4 枚，柱头紫红色（58A）。花蕾圆球形，不绽口。中花品种。

植株中高，直立形。中型长叶。生长势中等。该品种花形整齐，花色素雅，是托桂型中佳品。

‘玉盘托金丝’

花复色，托桂型。外瓣大，2 轮，倒卵形，浅粉紫色（CC 65A），有较密集的粉紫色小斑点；雄蕊全部瓣化为黄色针状小瓣（CC 2D），端部浅齿裂；雌蕊正常，心皮 3~4 枚，被毛，柱头乳白色。花枝中粗，有紫晕，花朵侧开。中花品种。

植株中高，半开展形。中型长叶。生长势中等。

‘月华’

花复色，托桂型。外瓣粉紫色（CC 63B），内瓣初开金黄色，后变为米白色。外瓣 2 轮，倒卵形；内瓣倒披针形，排列整齐；雌蕊约 6 枚，心皮光滑无毛，柱头米白色。花蕾长椭球形，不绽口。花枝较硬，花朵直上。中花品种。

植株中高。小叶长椭圆形，内卷。叶背无毛。

‘紫凤羽’

花紫色，微红（CC 74A），托桂型。外瓣大，2 轮，倒卵形；内瓣为雄蕊瓣化的带形小瓣，雄蕊全部瓣化；雌蕊正常，心皮 3~5 枚，被疏毛，柱头白色。花枝中粗，花朵直上或侧开。中花品种。

植株中高，半开展形。小型长叶，小叶披针形，叶缘稍上卷。生长势中等。

‘紫金莲’

花红色（CC N66C），微紫，托桂型。外瓣大，2轮，倒卵形，边缘上翘；内瓣为雄蕊瓣化成的带形花瓣，端部颜色稍浅，浅齿裂，常残留未完全瓣化的花药。花枝较细，花朵直上或侧开。中花品种。

植株中高，直立形。中型长叶。生长势中等。

‘紫菱金星’

花紫红色（CC 58B），托桂型。外瓣大，2 轮，倒卵形，边缘上翘；内瓣为雄蕊瓣化的针状小瓣，紫红色，端部常残留未完全瓣化的黄色花药。花枝较细，花朵直上。中花品种。

植株中高，直立形。中型长叶。生长势中等。

金环型

‘多花玫瑰’

花紫红色（CC 64A），金环型，但花型不甚稳定，常开为单瓣型、荷花型等。基部花瓣 2~4 轮，倒卵形，其中外 2 轮花瓣较大；上部花瓣较小，倒卵形，端多齿裂，常扭曲排列；上部花瓣和基部花瓣之间具有一圈正常雄蕊；花心处具 4~7 枚正常雌蕊，心皮疏被毛，柱头粉红色。花蕾圆球形，不绽口，侧蕾 0~1 个。花枝细而较软，花朵侧开。中花品种。

植株较低矮。小叶披针形，叶背无毛。生长势中等。

‘粉楼系金’

花粉色（CC 62C），金环型，偶呈皇冠型。外瓣2轮，阔倒卵形，颜色稍深；雄蕊大部分瓣化成小花瓣，内外瓣之间有一圈未瓣化完全的雄蕊。花枝较粗，花朵直上或侧开。中花品种，偏晚。

植株中高，直立形。中型长叶。生长势强。

‘凤舞九天’

花红色（CC 60A），有光泽，金环型。无论外瓣还是内瓣，多呈带状，瓣端或瓣缘多不规则浅裂或羽裂，花瓣质地硬；雌蕊 4~5 枚，较小，心皮光滑，柱头粉白色。花蕾扁球形，不绽口，侧蕾 0~1 个。花枝挺直，花朵直上。中花品种。

植株较高，半开展形。小叶长椭圆形，内卷，叶背无毛。生长势中等。

‘金环玉楼’

花白色（CC NN155D），金环型。外瓣大，2 轮，卵形；内瓣稍小，直立，为雄蕊瓣化瓣，端部浅齿裂，内外瓣之间有一圈未完全瓣化的雄蕊。花枝较细，花朵直上。中花品种。

植株中高，半开展形。中型长叶。生长势中等。

‘金科状元’

花紫红色（CC 71A），金环型。外瓣阔倒卵形，大而平展；内瓣狭窄倒卵形，直上排列；雄蕊多，环生于内瓣和外瓣之间，正常，金黄色；心皮 4~5 枚，柱头乳白色。花蕾圆球形，不绽口；无侧蕾。花枝较硬，花朵直上。中花品种。

植株高大，直立形。小叶披针形至长椭圆形，叶背无毛。生长势强。

‘金系腰’

花复色，金环型或金蕊型。外瓣大，2 轮，紫红色（CC 63B），倒卵形；花心常有数瓣稍小的紫红色花瓣；内外瓣之间有一圈未完全瓣化的黄色窄条形小瓣（CC 19A），基部浅粉紫色，端部残留花药；心皮 3~5 枚，红棕色，柱头红色。花枝中粗，花朵直上。中花品种。

植株中高，直立形。小型长叶。生长势中等。

‘奇丽’

花粉色（CC 65B），金环型，多花型品种，同株有荷花型、菊花型。外瓣大，2 轮，倒卵形，具浅粉紫色晕，花瓣端部有一缺刻；内瓣稍小，浅粉色，花心有数瓣雄蕊瓣化瓣，大部分雄蕊正常，花丝黄色；雌蕊正常，柱头乳白色。花枝中粗，有紫晕，花朵直上。早花品种。

植株中高，直立形。中型长叶。生长势中等。

‘笑春风’

花浅粉色（CC 65D），金环型。外瓣大，2轮，倒卵形，浅粉紫色；内瓣稍小，中心有2~3轮花瓣，颜色粉白色，外瓣和中心瓣之间有一圈未完全瓣化的雄蕊；雌蕊和部分雄蕊正常，花丝黄色，心皮3~4枚，绿色，柱头乳白色。花枝中粗，花朵直上。中花品种。

植株中高，直立形。中型圆叶。生长势中等。

‘紫金阁’

花紫红色（CC 71A），金环型。外瓣2~3轮，长倒卵形；内瓣较小，倒卵形；内外瓣之间环生一圈正常雄蕊，璀璨夺目；雌蕊正常，约4枚，心皮中等被毛，柱头紫红色。花蕾圆球形，不绽口。花枝较软，花朵侧开。中花品种。

植株中高，半开展形。小叶叶缘波状，内卷，叶背密被毛。生长势中等。

‘紫金环’

花紫红色（CC 58C），金环型。外瓣大，2 轮，倒卵形；内瓣为部分雄蕊瓣化的小瓣，直立向上，端部浅齿裂，内外瓣之间有一圈正常的金黄色雄蕊环绕，状若系金。花枝细，花朵直上或侧开。中花品种，偏早。

植株中高，半开展形。中型长叶。生长势中等。

‘紫艳夺金’

花紫红色（CC 71B），金环型。外瓣大，2~3 轮，倒卵形，较圆整；内瓣较小，长倒卵形，内外瓣之间有一圈正常雄蕊；雌蕊正常，约 6 枚，心皮光滑，柱头米白色。花蕾圆球形，不绽口。花枝较硬，花朵直上或侧开。中花品种。

植株中高，半开展形。小叶阔披针形，叶面皱，叶背无毛。生长势中等。

皇冠型

‘冰山’

花白色（CC NN155D），皇冠型。外瓣大，2轮，倒卵形；内瓣为雄蕊瓣化瓣；雌蕊正常，柱头红色，偶有瓣化成端部红色彩瓣。花枝中粗，花朵直上或侧开，开花量大。中花品种，偏晚。

植株中高，直立形。小型长叶，黄绿色，叶缘稍上卷，叶背被疏毛。生长势中等。

‘晨曦’

花粉色（CC 73D），皇冠型。外瓣2轮，倒卵形；内瓣为雄蕊瓣化瓣，有残留雄蕊间杂其间；心皮被毛，柱头粉色。花枝较细，花朵侧开，开花量较多。中花品种。

植株中高，半开展形。小型长叶，叶缘稍上卷。生长势中等。

‘垂头红’

花红色（CC 67A），微紫，皇冠型。外瓣2轮，倒卵形；雄蕊大部分瓣化，瓣端浅齿裂；雌蕊正常，心皮5枚，柱头黄白色。花枝细，花朵侧开或侧垂。花蕾圆球形，侧蕾较少，1~2个。开花量较大，早花品种。

植株较高，半开展形。小型长叶。生长势中等。

‘翠云红’

花红色（CC 67C），托桂型或皇冠型。外瓣大，2 轮，倒卵形，平展；内瓣为雄蕊瓣化的小瓣，端部齿裂；雌蕊较正常，柱头粉白色。花枝较细，花朵侧开。中花品种。

植株中高，半开展形。中型长叶。生长势中等。

‘大地皆春’

花红色（CC 67C），皇冠型。外瓣大，2 轮，阔倒卵形；内瓣为雄蕊瓣化瓣，内外瓣之间有一圈细碎的带形花瓣，端部齿裂；雌蕊偶有瓣化，心皮 3~5 枚，柱头乳白色。花枝中粗，花朵侧开。中花品种，偏早。

植株中高，偏矮，半开展形。中型长叶，叶缘波曲稍上卷。生长势中等。

‘大粉楼’

花粉白色，花瓣基部色稍深（CC 65B），端部白色（CC 155B），皇冠型。外瓣大，2~3 轮，较圆整，花瓣基部色稍深；内瓣全部由雄蕊瓣化而来，较小，倒卵形、匙形等，瓣端多不规则浅裂；雌蕊约 3 枚，心皮光滑，柱头米白色。花蕾圆球形，不绽口。花枝较硬，花朵直上。晚花品种。

植株较高大，直立形。小叶阔披针形，叶背疏被毛。生长势中等。

‘丹心向阳’

花粉色，微紫（CC N57D），皇冠型，偶呈托桂型。外瓣 2 轮，倒卵形；内瓣为雄蕊瓣化的小花瓣，端部颜色稍浅，有浅齿裂，偶有少量退化变小的雄蕊杂于瓣间；柱头红色。花枝中粗，花朵侧开，中花品种，偏早。

植株中高，半开展形。中型长叶。生长势中等。

‘蝶落粉池’

花粉紫色（CC 71C），单瓣型，偶呈皇冠型。外瓣 2 轮，倒卵形；内瓣颜色稍浅，雄蕊正常或部分瓣化，花丝黄色；雌蕊正常，心皮 2~4 枚，被毛，柱头、房衣浅黄色。花枝细硬，花朵侧开。早花品种。

植株中高，半开展形。小型长叶。生长势中等。

‘多叶紫’

花紫红色（CC 59B），皇冠型。外瓣2轮，稍大；内瓣稍小，为雄蕊瓣化瓣，残存少量正常雄蕊；雌蕊柱头白色，心皮光滑。花枝较细，花朵侧开或下垂。中花品种，偏晚。

植株稍高，半开展形。小叶披针形，叶缘稍上卷。生长势较弱。

‘粉芙蓉’

花浅粉色（CC 65D），皇冠型。外瓣 2 轮，倒卵形，有较密集的粉紫色小斑点；内瓣较小，为雄蕊瓣化瓣，端部浅齿裂，少量雄蕊变小杂于瓣间；雌蕊正常，心皮 3~5 枚，被毛，柱头粉色。花枝中粗，花朵直上或侧开。中花品种。

植株中高，半开展形。中型长叶。生长势中等。

‘粉红袍’

花粉红色（CC 58C），皇冠型。外瓣2轮，倒卵形；内瓣为雄蕊瓣化的小瓣，大部分雄蕊瓣化，层叠高耸，端部浅齿裂；雌蕊退化变小。花枝细，花朵侧开。中花品种。

植株中高，半开展形。中型长叶。生长势中等。

‘粉塔’

花粉色（CC 62C），微蓝，皇冠型。外瓣3轮，阔倒卵形；内瓣较小，为雄蕊瓣化瓣，层叠密集，端部颜色稍浅，浅齿裂，少量正常的雄蕊杂于瓣间；柱头粉色。花蕾圆球形，侧蕾2~3个，花枝较粗，花朵侧开。中花品种。

植株较高，半开展形。中型长叶。生长势强。

‘粉妆楼’

花粉蓝色（CC 62C），皇冠型。外瓣大，2 轮，阔倒卵形，平展；内瓣为雄蕊瓣化瓣，稍小，端部颜色稍浅，少量正常的雄蕊杂于瓣间；心皮 3~5 枚，柱头红色。花枝中粗，花朵直上或侧开。中花品种。

植株中高，直立形。中型长叶。生长势中等。

‘粉庄园’

花粉色（CC N66D），微紫，皇冠型。外瓣大，2 轮，倒卵形，平展；内瓣为雄蕊瓣化的小瓣，密集重叠，端部颜色稍浅，有浅齿裂，少量正常的雄蕊杂于瓣间；柱头粉色。侧蕾 2~3 个，花枝中粗，花朵直上。中花品种。

植株中高，半开展形。中型长叶。生长势强。

‘粉紫系金’

花粉紫色（CC N57C），皇冠型或金环型。外瓣大，2轮，倒卵形，平展；内瓣为雄蕊瓣化的小瓣，端部浅齿裂，内外瓣之间有一圈针状小瓣，部分小瓣端部残留未完全瓣化的花药，花心亦常有少量针状小瓣；柱头红色。花枝中粗，花朵侧开。中花品种。

植株中高，半开展形。中型长叶。生长势中等。

‘芙蓉金花’

花复色，托桂型或皇冠型。外瓣大，2 轮，阔倒卵形，平展，浅粉色，微紫（CC 65B）；雄蕊全部瓣化，内瓣呈带状，浅黄色（CC 3D），端部浅齿裂，中心常有数枚或多枚稍宽的浅粉色花瓣；心皮 3~5 枚，柱头浅粉色。花枝细，花朵直上。中花品种，偏早。

植株较矮，直立形。中型长叶。生长势中等。

‘海棠红’

花紫红色（CC 63B），皇冠型。外瓣2轮，倒卵形，端部有缺刻，质地较厚，有光泽；内瓣为雄蕊瓣化瓣，稍小于外瓣，大部分雄蕊瓣化，少量正常雄蕊杂于瓣间；雌蕊正常，柱头乳白色。花枝中粗，较软，花朵侧开。中花品种。

植株中高，半开展形。中型长叶，叶背被疏毛。生长势中等。

‘红峰’

花红色（CC 66C），皇冠型。外瓣大，3~4 轮，倒卵形，端部深浅不一齿裂；内瓣为雄蕊瓣化瓣，形状变化较大，中心花瓣较大，雄蕊少量正常杂于花瓣之间；雌蕊退化变小，心皮 3~5 枚，柱头白色。花蕾圆球形，无绽口，侧蕾 2~3 个，花枝粗，有紫晕，花朵直上或侧开。开花量大。中花品种。

植株较高，半开展形。小型长叶，较稀疏，叶缘稍上卷。生长势强。

‘红凤展翅’

花红色（CC 58C），皇冠型。外瓣大，2 轮，平展，阔倒卵形；内瓣为雄蕊瓣化的小瓣，端部浅齿裂，内外瓣之间常有一圈正常的雄蕊；柱头红色。花枝中粗，花朵直上。中花品种。

植株中高，直立形。中型长叶。生长势中等。

‘红冠芳’

花粉红色（CC 61D），皇冠型。外瓣大，2 轮，阔倒卵形，平展；内瓣为雄蕊瓣化的小瓣，端部浅齿裂，内外瓣之间常有一圈未瓣化的雄蕊；雌蕊正常，柱头浅粉色。花枝细硬，花朵直上。中花品种。

植株中高，直立形。中型长叶。生长势中等。

‘红丽’

花紫红色（CC N57B），皇冠型。外瓣大，2 轮，倒卵形，端部稍反折；内瓣稍小，为雄蕊瓣化瓣，有光泽，端部浅齿裂，少量雄蕊杂于瓣间。花枝细硬，暗紫红色，花朵侧开。中花品种。

植株中高，半开展形。中型长叶，较稀疏。生长势中等。

‘红龙闹海’

花紫红色（CC N57A），皇冠型。外瓣大，2 轮，倒卵形，平展；内瓣为雄蕊瓣化的小瓣，端部浅齿裂，层叠密集，大部分雄蕊瓣化；雌蕊稍正常，柱头粉红色。侧蕾 2~3 个。花枝中粗，有紫晕，花朵侧垂。晚花品种。

植株较高，开展形。中型长叶。生长势中等。

‘红绣球’

花红色（CC 61A），皇冠型。外瓣2轮，平展，倒卵形，花瓣端部中央常有一缺刻；内瓣为雄蕊瓣化瓣，端部浅齿裂，雄蕊大部分瓣化；雌蕊较正常，心皮3~6枚，柱头浅粉色，偶有瓣化成彩瓣。花枝中粗，花朵直上。中花品种。

植株中高，直立形。中型长叶。生长势强。

‘红艳争辉’

花紫红色（CC 58B），皇冠型。外瓣大，3 轮，倒卵形；内瓣稍小，为雄蕊瓣化瓣，有光泽，雄蕊大部分瓣化，花丝紫红色；雌蕊较正常，柱头粉色。花枝中粗，有紫晕，花朵直上或侧开，中花品种。

植株较高，半开展形。中型长叶。生长势中等。

‘红珠映玉’

花粉色（CC 62C），皇冠型，偶呈楼子台阁型。外瓣 2 轮，倒卵形，圆整；内瓣较小，全部为雄蕊瓣化而来；雌蕊瓣化或正常，柱头红色。花蕾圆球形。花枝中粗，花朵直上或侧开。中花品种，偏晚。

植株高大，直立形。小型长叶，小叶披针形，叶背被毛。生长势强。

‘花菊’

花粉紫色（CC 68B），皇冠型。外瓣 1~2 轮，倒卵形，平展；雄蕊全部瓣化成带形花瓣，端部颜色稍浅，浅齿裂；心皮 3~5 枚，被毛，柱头粉红色。侧蕾 1~2 个。花枝中粗，花朵侧开。中花品种。

植株中高，半开展形。中型长叶。生长势中等。

‘华光’

花浅粉色（CC 65B），皇冠型。外瓣倒卵形，瓣端较圆整，厚实饱满；内瓣由雄蕊和雌蕊瓣化而来，较小，瓣端细碎裂。花枝粗壮，花朵直上，开花量中等。中花偏晚品种。

植株中高，直立形。中型长叶。生长势较强。

‘黄鹤羽’

花乳白色（CC 11D），金环型或皇冠型。外瓣 2 轮，倒卵形，稍褶叠；内瓣为较小的雄蕊瓣化瓣，端部齿裂，层叠高耸，内外瓣之间常有一圈正常的雄蕊；柱头粉色。花枝中粗、较软，花朵侧开或侧垂。中花品种。

植株中高，半开展形。小型长叶。生长势中等。

‘荟萃’

花粉紫色（CC 67C），托桂型或皇冠型。外瓣2轮，长倒卵形；内瓣为雄蕊瓣化瓣，中心花瓣稍大，颜色常深浅不一，端部齿裂且颜色稍浅，内外瓣之间常有一圈带形小瓣，颜色较浅，端部齿裂常残留花药；心皮3~5枚，红棕色，被毛，柱头紫红色。花枝中粗，花朵直上或斜伸。中花品种。

植株较高，直立形。小型长叶。生长势中等。

‘金凤’

花白色（CC NN155D），皇冠型。外瓣2轮，阔倒卵形，端部中央浅裂；雄蕊大部分瓣化，少量正常杂于瓣间；柱头粉白色。花枝细，花朵侧开。中花品种。

植株中高，半开展形。小型长叶。生长势中等。

‘蓝翠楼’

花粉蓝色（CC N66D），后期花瓣上部粉白色，皇冠型。外瓣大，2轮，倒卵形；内瓣为雄蕊瓣化的小瓣，端部浅齿裂，少量正常的雄蕊杂于瓣间。花枝较细，花朵侧开。中花品种。

植株中高，半开展形。中型长叶。生长势中等。

‘蓝芙蓉’

花粉蓝色（CC 68D）。皇冠型。外瓣大，2 轮，倒卵形；内瓣为由雄蕊瓣化而来，接近正常花瓣形态，但较外瓣小；雌蕊正常或瓣化。花蕾圆球形，侧蕾可多达 4 个。花枝较粗壮，长可达 1m 以上，花朵直上或侧开。中花品种。

植株高大，直立形。小叶阔披针形，叶背疏被毛。生长势强。

‘蓝菊’

花粉蓝色（CC N57D），托桂型或皇冠型。外瓣 2 轮，倒卵形，平展；雄蕊瓣化为带形小瓣，中心花瓣偶成大瓣，成为皇冠型，端部齿裂；雌蕊正常，心皮 3~5 枚，被毛，柱头粉色。花蕾卵球形，花枝细硬，花朵直上。

植株中高，直立形。大型长叶，叶被疏毛。生长势中等。

‘玲珑玉’

花白色（CC 155C），托桂型或皇冠型。外瓣 2 轮，阔倒卵形，端部中央常有一凹缺；内瓣为雄蕊瓣化瓣；雌蕊正常或柱头稍有瓣化，心皮 3~5 枚，柱头黄白色。花枝细，花朵直上或侧开。开花量大。中花品种，偏早。

植株较矮，直立形。小型长叶，黄绿色，叶背被毛。生长势中等。

‘满堂红’

花红色（CC N57A），皇冠型。外瓣2轮，倒卵形，端部浅齿裂；内瓣为雄蕊瓣化瓣，少量雄蕊正常，杂于瓣间；心皮3~5枚，绿色，柱头粉色，或变宽大，趋于瓣化。花枝中粗，花朵直上。中花品种。

植株中高。直立形。中型长叶。生长势中等。

‘俏袭人’

花粉色（CC N65A），多花型品种，有单瓣型、金环型、皇冠型。外瓣2轮，倒卵形，平展；雄蕊正常或部分瓣化，花瓣上有均匀的紫红色小斑点，近基部无斑点，分别形成金环型、皇冠型，花丝黄色；雌蕊正常，心皮棕红色，被毛，柱头乳白色。花枝中粗，花朵侧开或斜伸向上。中花品种。

植株较高，直立形。中型长叶，叶缘波曲。生长势中等。

‘曲叶红’

花浅紫红色（CC 67C），皇冠型。外瓣大，2 轮，卵形；内瓣为雄蕊瓣化瓣，密集成球，较小，端部浅齿裂；雌蕊较小，柱头粉色。侧蕾 2~3 个，花枝中粗，较软，紫红色，花朵侧开。中花品种。

植株中高，半开展形。中型长叶，叶缘稍上卷波曲。生长势中等。

‘狮头紫’

花浅紫红色（CC 67C），皇冠型。外瓣2轮，阔倒卵形，偶有浅齿裂；雄蕊全部瓣化，与外瓣同色，中心花瓣稍大，内瓣与外瓣之间有一圈较小瓣化瓣，瓣端浅齿裂；雌蕊正常，柱头紫红色，心皮密被茸毛，花盘乳白色，残存。花朵侧开，开花量中等。中花品种。

植株中高，半开展形。中型长叶，顶小叶全裂。生长势中等。

‘素妆’

花粉白色（CC 74B），皇冠型。外瓣较大，倒卵形；内瓣较小，近花心处较大，呈窄倒卵形，瓣端不规则裂，高耸排列，近基部大瓣处的内瓣呈细碎瓣；雌蕊较小，约6枚，心皮疏被毛，柱头粉白色。花蕾圆球形，不绽口，侧蕾0~3个。花枝较软，花朵侧开或侧垂。中花品种。

植株中高。小叶长椭圆形，叶缘波状，内卷；叶背无毛。生长势中等。

‘团叶锦球’

花粉紫色（CC 68B），皇冠型。外瓣大，2 轮，卵形，边缘稍上翘；内瓣为雄蕊瓣化的小瓣，端部浅齿裂，颜色稍浅，呈半球形。花枝中粗，花朵直上。中花品种。

植株中高，半开展形。中型圆叶，叶缘稍上卷。生长势强。

‘无瑕玉’

花白色（CC NN155D），皇冠型。外瓣大，2 轮，长倒卵形，平展，端部中央有一浅裂；内瓣为雄蕊瓣化的小瓣，端部浅齿裂，部分雄蕊正常，花丝黄色；雌蕊正常，柱头白色。花枝中粗，花朵侧开。中花品种。

植株中高，半开展形。中型长叶。生长势中等。

‘五色云’

花复色，皇冠型。外瓣大，2 轮，长倒卵形，中心瓣稍小，紫红色（CC 58C）；外瓣和中心瓣之间有一圈雄蕊瓣化的带形花瓣，粉白色（CC 62C），内瓣端部浅齿裂。花枝中粗，花朵直上。中花品种。

植株中高，直立形。中型长叶。生长势中等。

‘小天鹅’

花白色（CC 4B），皇冠型。外瓣2轮，倒卵形；部分雄蕊瓣化，少量正常的雄蕊杂于瓣间，花丝黄色；雌蕊正常，心皮3~6枚，被毛，柱头微粉色。花枝较细，花朵侧开。中花品种。

植株中高，半开展形。中型长叶。生长势中等。

‘小玉楼’

花白色（CC NN155D），皇冠型。外瓣大，2~3轮，倒卵形；内瓣稍小，为雄蕊瓣化瓣，端部浅齿裂，大部分雄蕊瓣化，少部分退化的雄蕊杂于瓣间。花枝中粗，花朵直上或侧开。花期较晚。

植株中高，半开展形。小型长叶。生长势中等。

‘雪峰’

花白色（CC NN155D），皇冠型。外瓣 2 轮，倒卵形；内瓣为雄蕊瓣化的小瓣，极少残留正常的雄蕊，花丝黄色；雌蕊正常，心皮 3~5 枚。花蕾圆球形，无绽口。花朵侧开，开花量大。中花品种。

植株中高，半开展形。小型长叶，黄绿色，小叶披针形。生长势中等。

‘雪山紫玉’

花粉白色（CC 69B），皇冠型。外瓣 2 轮，浅粉紫色，倒卵形，圆整；内瓣稍小，为雄蕊瓣化瓣；雌蕊退化变小，柱头黄白色。花枝较粗，花朵侧开，侧蕾 2~3 个。晚花品种。

植株高大，开展形。中型长叶，叶背被毛。生长势强。

‘艳紫向阳’

花紫红色（CC 60A），花瓣有光泽，皇冠型。外瓣 2~3 轮，倒卵形；内瓣较小，为雄蕊瓣化瓣，少量正常雄蕊杂于瓣间，中心花瓣稍大；雌蕊退化变小，心皮 4~6 枚，柱头白色。花枝中粗，花朵直上或侧开。中花品种，偏早。

植株中高，半开展形。小型长叶，小叶披针形，叶缘稍内卷。生长势中等。

‘仰望星空’

花粉色（CC 67C），皇冠型。外瓣大 2 轮，倒卵形，端部中央常有一浅裂；内瓣稍小，为雄蕊瓣化瓣，端部浅齿裂，雄蕊大部分瓣化，极少部分退化变小杂于瓣间；雌蕊较正常，柱头粉色。花枝中粗，花朵直上。晚花品种。

植株较高，直立形。中型圆叶。生长势强。

‘银龙探海’

花白色（CC 8D），皇冠型。外瓣 3 轮，倒卵形，稍有紫晕；大部分雄蕊瓣化为小瓣，少量雄蕊正常杂于瓣间；雌蕊正常，心皮 3~5 枚，被毛，柱头乳白色。花枝有紫晕，较粗而软，花朵侧垂。侧蕾 2~3 个，中花品种，偏晚。

植株较高，开展形。小型长叶。生长势中等。

‘玉芙蓉’

花粉色（CC 64C），皇冠型。外瓣较大，2 轮，长倒卵形，端部常有一浅裂；内瓣为雄蕊瓣化瓣，稍小，层叠高起；雌蕊基本正常，心皮 2~5 枚，柱头偶有瓣化。花枝中粗，花朵侧开。中花品种。

植株高，半开展形。中型长叶。生长势强。

‘玉玲珑’

花白色（CC 11D），皇冠型。外瓣倒卵形，大而平展；内瓣间夹杂少量雄蕊；心皮4~5枚，柱头粉红色。花蕾圆球形，不绽口；无侧蕾。花枝粗壮挺直。中花品种。

植株中高，紧凑。小叶披针形至长椭圆形，纵向内卷，叶缘波状。生长势中等。

‘圆叶锦球’

花粉色（CC 67B），皇冠型。外瓣大，2轮，倒卵形；内瓣为雄蕊瓣化瓣，褶叠堆积，少量正常的雄蕊杂于瓣间；雌蕊正常，心皮3~5枚，被毛，柱头粉色。花蕾圆球形。花枝中粗，花朵直上或斜伸向上。中花品种。

植株中高，半开展形。小型长叶。生长势中等。

‘早园红’

花红色（CC 58C），微紫，皇冠型。外瓣大，2 轮，倒卵形，平展；内瓣为雄蕊瓣化的小瓣；雌蕊稍小。花枝细而长，花朵直上。中花品种。

植株中高，直立形。中型长叶。生长势中等。

‘紫绒系金’

花浅紫色（CC 74B），金环型或皇冠型。外瓣大，2 轮，倒卵形，端部常有一较深缺刻；内瓣为雄蕊瓣化瓣，较小，少量正常的雄蕊间杂其间，内外瓣之间有一圈针状细瓣，端部常残留花药；雌蕊正常，心皮 3~5 枚，被毛，柱头白色。侧蕾少。花枝中粗，花朵直上。中花品种。

植株稍高，直立形。小型长叶。生长势中等。

绣球型

‘百花魁’

花粉红色（CC 68B），花瓣边缘颜色较浅，菊花型或绣球型。雄蕊部分瓣化，残留雄蕊花丝、花药黄色；雌蕊柱头浅粉色，心皮 3~4 个。花枝较细，有紫红色晕，花朵直上或侧开，开花量大。中花品种，偏早。

植株中高，半开展形。中型长叶，叶柄有红晕。生长势中等。

‘瓷白’

花白色（CC NN155D），绣球型。外瓣 3 轮，倒卵形；内瓣较小，雄蕊大部分瓣化，少量正常的雄蕊杂于瓣间；雌蕊退化变小。花枝较粗而软，花朵侧开或侧垂。晚花品种。

植株较高，开展形。中型长叶，叶背被毛。生长势强。

‘多幸福’

花浅紫红色（CC N57C），绣球型。外瓣大，2 轮，翻折；雄蕊全部瓣化成小花瓣，密集堆叠呈球形；雌蕊退化变小或消失。侧蕾 2~3 个。花枝中粗，花朵侧开。中花品种。

植株中高，半开展形。中型长叶。生长势中等。

‘粉楼艳’

花整体呈粉色系，外瓣粉紫色（CC 64B）、基部粉白色（CC 61B），内瓣粉色（CC 61B），绣球型。外瓣大，2~3 轮；内瓣略小，大小相近；雄蕊全部瓣化为内瓣；雌蕊退化至无。花蕾圆球形，不绽口。花枝长约 85cm，较软，花朵侧开或侧垂。中花品种。

植株中高，半开展形。小叶阔披针形，叶缘波状，内卷；叶背无毛。生长势强。

‘福华红’

花粉色（CC 58D），绣球型。花瓣倒卵形，无内外瓣之分，大小近似，密集褶叠，近花心花瓣较小，端部浅齿裂；雄蕊基本全部瓣化；雌蕊退化变小或消失。花枝较粗，花朵侧开。中花品种，偏晚。

植株中高，半开展形。中型长叶。生长势中等。

‘海云紫’

花浅紫色（CC 68B），微红，绣球型，花型常受栽培条件等的影响。外瓣2轮，倒卵形，端部浅齿裂；内瓣为雄蕊瓣化瓣，稍小，少量正常的雄蕊杂于瓣间；心皮3~5枚，柱头粉白色。花枝细，花朵侧垂。中花品种。

植株中高，半开展形。中型长叶。生长势中等。

‘合欢娇’

花红色（CC N57D），绣球型或皇冠型。外瓣 2 轮，倒卵形；内瓣稍小，为雄蕊瓣化瓣，内外瓣之间常有一圈窄带形花瓣，端部齿裂；心皮 2~3 枚，柱头浅粉色。花枝中粗，花朵侧开。中花品种。

植株中高，半开展形。中型长叶，叶缘波曲。生长势中等。

‘红光’

花紫红色（CC 58B），绣球型。内外瓣大小近似，花瓣有光泽；雄蕊大部分瓣化，少量正常的雄蕊杂于瓣间，中心花瓣稍小，端部浅齿裂；柱头红色。花枝细硬，花朵直上。中花品种。

植株中高，直立形。中型长叶。生长势中等。

‘红魁’

花紫红色（CC 61B），绣球型。外瓣稍大，倒卵形；内瓣为雄蕊瓣化瓣，端部浅齿裂，大部分雄蕊瓣化；雌蕊退化变小或消失。花枝中粗，花朵侧开。晚花品种。

植株中高，半开展形。中型长叶。生长势强。

‘红鳞’

花粉红色（CC 67C），绣球型。内外瓣大小近似，花瓣倒卵形，内外瓣之间有一圈较小的花瓣，端部齿裂；雄蕊几近全部瓣化；雌蕊退化变小或消失。侧蕾 2~3 个。花枝较细，花朵直上。中花品种。

植株中高，半开展形。中型长叶。生长势中等。

‘红楼’

花红色（CC 63C），绣球型。外瓣 2 轮，长倒卵形；内外瓣大小近似，少量正常雄蕊杂于瓣间，花瓣端部齿裂，边缘发白；雌蕊正常或退化，柱头浅黄色。花枝中粗，花朵直上。中花品种。

植株高大，半开展形。中型长叶。生长势强。

‘红梅报春’

花红色（CC N57D），绣球型。花瓣倒卵形，内外瓣大小近似；雄蕊大部分瓣化，少量正常的雄蕊杂于瓣间，花心部分花瓣渐小。花枝中粗，花朵直上。中花品种。

植株中高，直立形。中型长叶。生长势中等。

‘红袍藏金’

花红色（CC 64C），微紫，绣球型。内外瓣大小近似；雄蕊大部分瓣化，花瓣大小不一，端部浅齿裂，少量正常的黄色雄蕊杂于瓣间。花枝中粗，花朵直上。中花品种。

植株中高，直立形。中型长叶。生长势中等。

‘红球’

花紫红色（CC N66B），绣球型。花瓣大小近似，无内外瓣之分，稍稀疏，边缘稍上翘、皱褶，端部浅齿裂；雄蕊瓣化或退化；雌蕊退化变小，柱头粉红色。花枝中粗，花朵直上或侧开。中花品种。

植株中高，半开展形。中型长叶。生长势中等。

‘丽红’

花红色（CC 67A），绣球型。外瓣2~3轮，倒卵形，内外瓣大小近似，内外瓣之间有一圈较小花瓣；大部分雄蕊瓣化；雌蕊较正常，心皮3~6枚，柱头浅红色。花枝细硬，花朵直上或侧开。中花品种。

植株较高，直立形。小叶阔披针形，叶背无毛。生长势中等。

‘绿宝石’

花初开绿色（CC 142A），盛开粉白色（CC N155D），绣球型。外瓣长卵形，端部浅齿裂，花瓣质地厚；内瓣稍小，雄蕊全部瓣化；雌蕊退化变小或消失。花枝较粗，有紫晕，花朵侧开。花开缓慢，花期长。晚花品种。

植株中高，半开展形。中型长叶，小叶稀疏，深裂。生长势中等。

‘少女妆’

花粉蓝色（CC 68B），绣球型。花瓣大小近似，无内外瓣之分，倒卵形，端部颜色浅；雄蕊大部分瓣化，少数退化变小或呈针状，花心花瓣渐小；雌蕊退化变小或消失。侧蕾 2 个。花枝中粗。中花品种。

植株中高，直立形。中大型长叶。生长势中等。

‘娃娃面’

花浅粉色（CC 69A），绣球型。外瓣稍大，2轮，浅粉紫色，平展；内瓣稍小，浅粉色，端部浅齿裂，大部分雄蕊瓣化，少量正常的雄蕊杂于瓣间；雌蕊退化变小或消失。花枝中粗，花朵侧开。中花品种。

植株中高，半开展形。中型长叶。生长势中等。

‘夕阳红’

花紫红色（CC 67C），绣球型，花型常受栽培条件等的影响。花瓣自外向内依次变小，无内外瓣之分，部分花瓣端部浅齿裂；雄蕊部分正常，杂于瓣间，花心花瓣较小；雌蕊退化变小或消失。花枝较细，花朵直上或侧开。中花品种。

植株中高，半开展形。中型长叶。生长势中等。

‘霞光’

花粉色（CC 67A），微紫，绣球型。花瓣大小基本一致；雄蕊全部瓣化，端部有浅缺刻；雌蕊退化变小或消失。花枝中粗而软，花朵侧垂或侧开。晚花品种。

植株较高，半开展形。中型长叶，叶背被疏毛。生长势强。

‘旭日照红岩’

花粉紫色（CC 68C），绣球型。外瓣稍大，2 轮，倒卵形；内瓣稍小，端部浅齿裂，部分雄蕊正常杂于瓣间；柱头红色。花枝中粗，花朵侧开。中花品种。

植株中高，半开展形。中型长叶。生长势中等。

‘艳丽红’

花艳紫红色（CC 44B），绣球型。花瓣大小近似，无内外瓣之分；雄蕊大部分瓣化，少量正常，端部浅齿裂，花瓣有光泽；雌蕊柱头白色。花枝较细，有紫晕，花朵直上或侧开。不耐日晒。中花品种。

植株稍矮，半开展形。中型长叶。生长势中等。

‘雨花石’

花粉色（CC 4D），绣球型。外瓣2轮，浅粉紫色，端部颜色浅；内瓣为雄蕊瓣化瓣，浅粉色，少量正常的雄蕊杂于瓣间；雌蕊退化变小。花枝中粗，花朵侧开。中花品种，偏晚。

植株中高，半开展形。中型长叶。生长势较强。

‘赵园红’

花红色（CC 61B），皇冠型或绣球型。外瓣较大，2 轮；内瓣为雄蕊瓣化的小瓣，褶叠高起呈半球状，端部常浅齿裂；雌蕊正常，心皮黄绿色，被毛，柱头红色。花枝中粗，花朵直上或侧开。中花品种。

植株较高，半开展形。中型长叶，生长势强。

‘紫蓝盘’

花浅紫色（CC 73C），绣球型。外瓣长倒卵形，自外向内依次变小，端部浅齿裂；雄蕊全部瓣化；雌蕊退化变小或消失。花枝中粗，花朵侧开。中花品种。

植株中高，半开展形。中型长叶，叶缘稍波曲。生长势中等。

‘紫绫’

花紫红色（CC 59A），绣球型。雄蕊全部瓣化，瓣端浅齿裂；雌蕊退化变小或消失。花枝较粗而软，花朵侧垂。花蕾圆球形，无绽口。中花品种，偏晚。

植株中高，半开展形。小型长叶，小叶披针形，叶缘稍上卷。生长势较强。

‘紫檀生烟’

花墨紫红色（CC 60C），绣球型。花瓣大小近似，无内外瓣之分；雄蕊大部分瓣化，端部浅齿裂，仅极少正常雄蕊杂于瓣间；雌蕊退化变小或消失，柱头紫红色。花枝中粗，花朵直上或侧开。中花品种。

植株稍矮，半开展形。中型长叶。生长势中等。

‘紫艳风波’

花紫红色（CC 58B），绣球型。花瓣大小近似，无内外瓣之分，长倒卵形，有光泽；雄蕊大部分瓣化，端部浅齿裂；雌蕊和部分雄蕊退化变小。花朵不耐日晒，瓣端易发黑。花枝中粗，花朵直上或侧开。中花品种。

植株较高，半开展形。中型长叶。生长势强。

千层台阁亚类

‘矮红’

花紫红色（CC 53C），花瓣有光泽；千层台阁亚类。下方花雄蕊全部瓣化；上方花花瓣由外向内依次变小。花枝较细，有紫晕，花朵直上或侧开。

植株矮。小型长叶，小叶叶缘稍上卷。生长势中等。

‘遍地红’

花紫红色（CC 67A），千层台阁亚类。花瓣有光泽，下方花外瓣大，向内渐小，有少量正常雄蕊，雌蕊瓣化成绿色彩瓣；上方花雄蕊正常，雌蕊退化变小，柱头白色，心皮 3~4 个，光滑。花枝中粗，花朵直上或侧开，开花量大。中花品种。

植株中高，半开展形。小型长叶，叶缘稍上卷。生长势中等。

‘藏金阁’

花粉蓝色（CC 73C），千层台阁亚类。下方花花瓣由外向内依次变小，大部分雄蕊瓣化或消失，雌蕊瓣化成同色花瓣；上方花花瓣较少，有部分正常的雄蕊，花丝、花药黄色，雌蕊柱头粉白色。花枝较粗，有紫晕，侧蕾多，开花量大，花朵侧开。中花品种。

植株中高，半开展形。中型长叶，叶缘稍上卷。生长势中等。

‘姹紫芳妍’

花紫红色（CC 74B），千层台阁亚类。下方花花瓣多轮，倒卵形，瓣端浅裂，花瓣渐内渐小，无雄蕊，雌蕊退化；上方花发育不充分，花心无雄蕊或雌蕊。侧蕾无。花枝长约80cm，花朵斜上。花蕾绽口，侧蕾无。晚花品种。

植株中高，开展形。小叶披针形，轻度纵向内卷，叶缘波状，下表面疏被毛。

‘赤龙献彩’

花浅紫红色（CC N57D），千层台阁亚类。下方花外瓣稍大，长倒卵形，内瓣较小，为雄蕊瓣化瓣，雌蕊瓣化成绿色彩瓣或与花瓣同色；上方花花瓣端部浅齿裂，颜色浅，雄蕊退化变小，雌蕊退化消失。花枝较粗，花朵直上或斜伸向上。中花品种，偏晚。

植株较高，直立形。中型长叶。生长势强。

‘大红点金’

花粉红色（CC 52C），千层台阁亚类。下方花外瓣稍大，2轮，倒卵形，内瓣较小，端部齿裂稍曲皱，质软，雄蕊大部分瓣化，雌蕊瓣化成花瓣或彩瓣；上方花花瓣较小，自外向内渐小，端部浅齿裂，雌雄蕊退化变小。花枝中粗，花朵侧开。中花品种，偏晚。

植株中高，半开展形。中型长叶。生长势中等。

‘大王红’

花浅紫红色（CC 67B），千层台阁亚类。下方花花瓣大小近似，长倒卵形，端部浅齿裂，雄蕊大部分瓣化，雌蕊瓣化成红色彩瓣，质地较硬；上方花花瓣自外向内依次变小，端部齿裂，雌雄蕊退化变小或消失，柱头红色。花枝中粗，花朵直上。中花品种。

植株较高，直立形。中型圆叶。生长势强。

‘丹凤’

花紫红色（CC 61A），千层台阁亚类。下方花外瓣 3~4 轮，倒卵形，雄蕊大部瓣化，花瓣有光泽，瓣间有残留，花丝黄色；上方花花瓣较少，有少量雄蕊，雌蕊退化变小，心皮 3~5 枚，柱头红色。花蕾圆球形，无绽口。花枝较硬，花朵直上或侧开。早花品种。

植株高大，半开展形。小型长叶，小叶披针形。生长势强。

‘东方红’

花紫红色（CC 61A），多花型品种，同株常有单瓣型、荷花型、金环型、千层台阁亚类等。下方花外瓣 2 轮，倒卵形，部分雄蕊瓣化，内瓣端部齿裂，花丝黄色，雌蕊常呈红绿相间的彩瓣；上方花花瓣自外向内变小，心皮 4~5 枚，柱头黄白色。花枝中粗，花朵直上或侧开，花蕾圆球形，无绽口，侧蕾 2~3 个。中花品种。

植株中高，半开展形。小型长叶。生长势较强。

‘粉蓝楼’

花整体呈粉蓝色，外瓣粉蓝色（CC 67A），边缘泛白，千层台阁亚类。下方花外瓣多轮，内瓣瓣端多浅裂，瓣形多扭曲，具少量正常雄蕊，雌蕊瓣化为具紫红色（CC 71A）条纹的彩瓣；上方花花瓣较小，花心处有少量雄蕊，雌蕊3~5枚，退化变小，心皮光滑，柱头紫红色。花蕾卵球形，不绽口。花枝较硬，花朵侧开。中花品种。

植株中高，半开展形。小叶阔披针形，叶背被毛。生长势强。

‘粉蓝楼台’

花呈粉蓝色（CC 74C），花瓣瓣端泛白，千层台阁亚类。下方花较上方花大；上方花花心处雌蕊退化变小，约4枚，心皮中等被毛，柱头紫红色。花蕾卵球形，侧蕾0~1个。花枝粗而较软，花朵侧开或侧垂。中花品种。

植株中高，开展形。小叶长椭圆形，较大，叶缘波状卷曲；小叶叶背被毛。生长势中等。该品种原名‘蓝花冠’。

‘粉绫红花’

花浅粉色（CC 62C），千层台阁亚类。外瓣2轮，倒卵形，稍皱，端部常有一缺刻，内瓣渐小，端部浅齿裂，雄蕊大部分瓣化，少量正常，杂于瓣间，雌蕊瓣化成有红色条纹的彩瓣；上方花花瓣较少，雌雄蕊退化变小，心皮3~5枚，被毛，柱头浅粉色。花枝中粗，花朵直上。早花品种。

植株中高，直立形。中型长叶。生长势强。

‘粉绫红珠’

花粉色（CC 65C），千层台阁亚类。下方花花瓣多轮，外瓣有不规则紫红色条纹，雄蕊大部分瓣化，雌蕊瓣化成有红色条纹的粉红色花瓣；上方花花瓣 3~4 轮，雄蕊正常，花丝黄色，雌蕊正常，心皮 3~5 枚，柱头粉红色。花枝中粗，花朵直上或侧开。中花品种，偏晚。

植株较高，直立形。小叶披针形。生长势强。

‘粉绫娇艳’

花初开浅紫红（CC 64A），盛开粉红色（CC 68B），瓣端泛白，千层台阁亚类。下方花偶见正常雄蕊，雌蕊瓣化或退化；上方花较小，花心处具少量正常雄蕊，花丝基部橘红色，上部黄色，雌蕊 3~5 枚，退化变小，心皮密被毛，柱头米白色。花蕾圆球形，不绽口。花枝较硬，具紫红色斑点，不甚洁净，花朵侧开。中花品种。

植株中高，半开展形。小叶披针形，叶缘波状，内卷；叶背被毛。

‘粉盘藏珠’

花浅粉色（CC 62D），千层台阁亚类。下方花外瓣 2 轮，稍大，长倒卵形，内瓣稍小，端部齿裂，大部分雄蕊瓣化，少量正常，杂于瓣间，雌蕊瓣化成有红条纹的彩瓣；上方花花瓣较少，雌雄蕊退化变小，柱头红色。花枝较粗，花朵直上或侧开。花蕾萼片开花前常成红绿相间的彩瓣，中花品种，稍晚。

植株高大，半开展形。中型圆叶，叶背被毛。生长势强。

‘粉球’

花浅粉色（CC 62C），千层台阁亚类。下方花外瓣 2 轮，阔倒卵形，内瓣稍小，雄蕊大部分瓣化，层叠密集，内外瓣之间花瓣稍小，雌蕊瓣化成浅绿色彩瓣；上方花花瓣稍大，雌雄蕊退化变小，柱头粉白色。侧蕾较多，2~5 个，花枝中粗，花朵直上。中花品种。

植株中高，半开展形。小型长叶。生长势强。

‘风吹红菱’

花粉红色（CC N57C），千层台阁亚类。下方花外瓣大，2 轮，倒卵形，平展，内瓣 3~4 轮，渐小，雄蕊部分正常，雌蕊部分瓣化为白色条纹的花瓣；上方花花瓣自外向内依次变小，端部浅齿裂，雌雄蕊退化变小，柱头乳白色。侧蕾 2~3 个。花枝中粗，花朵侧开。中花品种。

植株中高，半开展形。中型长叶。生长势中等。

‘富贵满园’

花粉紫色（CC 70B），千层台阁亚类。下方花外瓣倒卵形，较大，渐内渐小，直至非常细碎，具少量正常雄蕊，雌蕊瓣化为具紫红色斑纹或斑块的彩瓣；上方花较下方花小，花瓣轮数少；花心处具少量正常雄蕊，雌蕊退化变小，3~5 枚，心皮无毛，柱头紫红色，与花瓣同色。花蕾圆球形，不绽口。花枝较粗壮，花朵侧开。中花品种。

植株中高。小叶较大，披针形，叶缘波状，内卷；叶背无毛。生长势强。

‘富贵紫’

花浅紫色（CC N57D），微粉，千层台阁亚类。下方花花瓣倒卵形，端部浅齿裂，4~6 轮，雄蕊大部分瓣化，雌蕊瓣化成绿色彩瓣；上方花花瓣较少，自外向内依次变小，雄蕊少量正常，雌蕊退化变小，柱头浅粉色。花枝中粗，花朵直上。中花品种。

植株中高，直立形。中型长叶。生长势中等。

‘高杆红’

花紫红色（CC N57C），千层台阁亚类。下方花花瓣 4~5 轮，倒卵形，边缘稍上翘，雄蕊大部分瓣化，极少部分变小杂于瓣间，雌蕊瓣化成花瓣或彩瓣；上方花花瓣较少，自外向内变小，雄蕊退化变小或消失，心皮 3~5 枚，柱头红色。侧蕾 2~3 个。花枝中粗，花朵直上或侧开。早花品种。

植株高大，半开展形。大型圆叶。生长势强。

‘高杆紫’

花浅紫色（CC N66C），微红，千层台阁亚类。下方花花瓣倒卵形，雄蕊大部分瓣化，雌蕊瓣化成浅紫红或紫红色花瓣；上方花花瓣较少，雌雄蕊较正常，心皮3~5枚，柱头红色。侧蕾2~3个。花枝中粗，花朵直上或侧开。中花品种。

植株高大，半开展形。中型长叶。生长势强。

‘观音台’

整体呈粉紫色，外瓣基部紫色（CC 67A），边缘较浅（CC 67C），内瓣中肋处色稍深（67A），千层台阁亚类。下方花花瓣长倒卵形，渐内渐小，具少量雄蕊，雌蕊退化或瓣化；上方花较小，花瓣也较少，具少量雄蕊，雌蕊退化变小，3~5 枚，心皮无毛，柱头紫红色。花蕾圆球形，不绽口，侧蕾 0~2 个。花枝有紫红晕，较硬，花朵直上或侧开。中花品种。

植株较低矮，半开展形。小叶披针形，叶背无毛。生长势强。

‘红茶花’

花红色（CC 66C），千层台阁亚类。下方花外瓣 3 轮，倒卵形，内瓣稍小，端部稍反卷，雄蕊瓣化，雌蕊瓣化成带有白色条纹的花瓣；上方花花瓣大小较均匀，端部内抱，雄蕊残留，花丝黄色，雌蕊退化变小。花蕾圆球形，无绽口。花枝较软，花朵侧垂。成花率高。中花品种。

植株较高，半开展形。小型长叶，叶背被毛。生长势强。

‘红绫藏金’

花浅紫红色（CC 66A），千层台阁亚类。下方花外瓣 2 轮，倒卵形，内瓣稍小，雄蕊大部分瓣化，雌蕊瓣化成绿色花瓣；上方花花瓣自外向内依次变小，瓣端浅齿裂，雄蕊变小，花丝白色，雌蕊退化变小，柱头白色。花枝较粗，花朵侧开。中花品种。

植株较高，半开展形。小型长叶，小叶披针形，叶缘稍上卷，叶背被疏毛。生长势强。该品种原名‘红绫赤金’。2002 年被中国花卉协会牡丹芍药分会收录时，更名为‘红绫藏金’。

‘红艳流金’

花紫红色（CC 60B），千层台阁亚类。下方花花瓣大，多轮，倒卵形，边缘有缺刻，花瓣渐内渐小，为窄倒卵形，雄蕊残存少量，雌蕊退化；上方花较下方花小，发育不充分，花心处残留少量雄蕊，雌蕊 4~5 枚，心皮疏被毛，柱头浅粉色。侧蕾无。花枝紫红色，直立，花朵直上或侧开。中花品种。

植株中高。小叶披针形，下表面疏被毛。生长势中等。

‘红雁披霜’

花粉红色（CC 67A），千层台阁亚类。下方花花瓣多轮，雄蕊大部分瓣化，雌蕊瓣化成绿色彩瓣或与花瓣同色；上方花花瓣 3~5 轮，自外向内依次变小，雌雄蕊退化变小，柱头乳白色。花枝细软，花朵下垂。中花品种。

植株较高，开展形。大型长叶。生长势较强。

‘华丹’

花紫红色（CC 61C），千层台阁亚类。下方花外瓣倒卵形，边缘有不规则缺刻，内瓣较小，瓣端细碎裂，具少量正常雄蕊；上方花发育不充分，雄蕊正常，少量，雌蕊退化变小，柱头红色。花枝较粗，紫红色，花朵直上，耐晒。中花品种。

植株中高，直立形。中型长叶，叶缘轻度内卷。萌芽力、生长势较强。

‘锦缎红’

花紫红色（CC 71A），有光泽。千层台阁亚类。下方花较大，具少量正常雄蕊，雌蕊瓣化或退化；上方花较小，花心处具正常雄蕊，花丝基部橘红色，上部黄色，雌蕊约 5 枚，退化变小，心皮光滑，柱头白色。花蕾圆球形，不绽口。花枝较硬，花朵侧开。中花品种。

植株较低矮，半开展形。小叶披针形，叶背无毛。生长势中等。

‘锦山红’

花红色（CC 61A），千层台阁亚类。下方花外瓣 2 轮，稍大，有光泽，内瓣稍小，少量正常雄蕊杂于瓣间，雌蕊瓣化，柱头红色；上方花花瓣较少，2~3 轮，雌雄蕊退化变小，雌蕊柱头粉红色。花枝较细，花朵直上或侧开。成花率较高，中花品种。

植株较高，半开展形。中型长叶。生长势强。

‘锦绣球’

花浅紫红色（CC 67C），微紫，千层台阁亚类。下方花外瓣稍大，2 轮，长倒卵形，内瓣稍小，雄蕊大部分瓣化，雌蕊瓣化成质地较厚的花瓣；上方花花瓣较少，自外向内依次变小，端部浅齿裂，雌雄蕊退化变小。花枝中粗，花朵直上。中花品种，偏早。

植株较高，直立形。中型长叶。生长势强。

‘蓝海碧波’

花粉色（CC 62D），微蓝，千层台阁亚类。下方花外瓣 2 轮，倒卵形，内瓣较小为雄蕊瓣化瓣，大部分雄蕊瓣化，少量正常的雄蕊杂于瓣间，雌蕊瓣化成彩瓣或与花瓣同色；上方花花瓣较少，雄蕊退化变小，雌蕊较正常，心皮 3~4 枚，柱头红色。花蕾卵形，侧蕾较多。花枝中粗，花朵侧开。中花品种。

植株中高，直立形。中型长叶。生长势强。

‘老来红’

花紫红色（CC 60B），花瓣有光泽，千层台阁亚类。下方花花瓣自外向内依次变小，大部分雄蕊瓣化，少量正常的雄蕊杂于瓣间，雌蕊瓣化为浅色花瓣；上方花花瓣较少，雌雄蕊退化变小。花瓣不耐日晒。花蕾圆球形，侧蕾少。花枝粗，花朵直上。中花品种。

植株较高，直立形。大型圆叶。生长势强。

‘烈火金刚’

花紫红色（CC 59A），千层台阁亚类，偶呈菊花型。下方花内外瓣大小近似，雄蕊大部分瓣化，少量正常雄蕊杂于瓣间，雌蕊瓣化为彩瓣；上方花花瓣较少，雌雄蕊正常，花丝黄色，柱头白色。花蕾圆球形，花枝中粗，花朵直上或侧开。中花品种。

植株高大，半开展形。中型长叶，叶背被疏毛。生长势强。

‘鲁红’

花深紫红色（CC 60B），千层台阁亚类。下方花外瓣 3 轮，倒卵形，残存少量正常的雄蕊，雌蕊瓣化为中部有白色条纹的紫红色花瓣；上方花外瓣大，内瓣小，有少量正常的雄蕊，雌蕊退化变小，心皮光滑，3~5 枚。花蕾圆球形，无绽口。花枝较细，有紫晕，花朵直上，开花量较大。花期较早。

植株较矮，直立形。小型长叶，叶面稍有紫晕。萌发力强，生长势中等。

‘露红烟紫’

花紫红色（CC 64A），千层台阁亚类。下方花萼片彩瓣化，花瓣多轮，倒卵形，瓣端浅裂，雄蕊少量；上方花较小，心皮4~5枚，疏被毛，柱头浅黄色。侧蕾无。花枝长68~73cm，花朵斜上。中花品种。

植株较低矮，直立形。小叶披针形至长椭圆形，纵向内卷。生长势中等。

‘墨池洒金’

花深紫红色（CC 64A），千层台阁亚类。下方花较上方花略大，雄蕊基部橘红色，上部黄色，雌蕊3~5枚，退化变小，心皮光滑，柱头紫红色。花蕾圆球形，不绽口。花枝挺直，花朵直上。中花品种。

植株较高大，直立形。小叶披针形，叶脉下陷明显而显皱；叶背被毛。生长势中等。

‘墨狮’

花深紫红色（CC 61A），千层台阁亚类。下方花外瓣倒卵形，瓣端齿状，内瓣与外瓣同色；上方花较小，雄蕊少量，雌蕊退化变小，心皮4~5枚，柱头浅紫红色。花枝较粗，花朵直上或斜伸向上。晚花品种。

植株中高，直立形。中型圆叶。生长势中等。

‘墨蕴’

花紫红色（CC 61B），千层台阁亚类。下方花外瓣稍大，内瓣渐小，雄蕊瓣化或退化，雌蕊瓣化成白色条纹的花瓣；上方花花瓣自外向内依次变小，雄蕊部分瓣化，雌蕊退化变小。花枝中粗，花朵侧开。中花品种。

植株中高，半开展形。中型长叶。生长势中等。

‘晴空霞光’

花粉色（CC N66C），微蓝，千层台阁亚类。下方花外瓣大，3轮，倒卵形，内瓣较小，为雄蕊瓣化瓣，端部浅齿裂，雌蕊瓣化成绿色彩瓣；上方花花瓣较少，雌雄蕊退化变小，柱头乳白色。花枝中粗，花朵直上或侧开。晚花品种。

植株较高，直立形。中型长叶。生长势强。

‘晴雯’

花粉色（CC 65A），千层台阁亚类。下方花外瓣较大，3~4 轮，内瓣为雄蕊瓣化的小瓣，雌蕊退化或瓣化；上方花花瓣 5~6 轮，雄蕊正常，雌蕊退化变小。花蕾圆球形，无绽口。花枝有紫晕，花朵直上或侧开。中花品种，偏晚。

植株较高，直立形。小型长叶。生长势较强。

‘擎天红’

花紫红色（CC 61A），千层台阁亚类。下方花外瓣稍大，2~3 轮，雄蕊大部瓣化，雌蕊瓣化或退化；上方花雄蕊大部瓣化，残存少量雄蕊，花丝橘红色，雌蕊退化变小，房衣残存，紫红色，柱头红色，心皮 5 枚。花蕾圆球形，有侧蕾，花朵直上或侧开。中花品种，偏早。

植株高大，半开展形。小型圆叶，小叶叶背被疏毛。生长势强。

‘生丝绫’

花紫红色（CC N57B），千层台阁亚类。下方花外瓣2轮，长倒卵形，内瓣稍小，少量雄蕊正常，杂于瓣间，雌蕊瓣化与花瓣同色；上方花花瓣较小，端部浅齿裂，向内抱合，雄蕊较正常，雌蕊正常，柱头红色。花枝较细，花朵直上或侧开。中花品种。

植株中高，半开展形。中型长叶。生长势中等。

‘水映春兰’

花浅紫色（CC N74D），微粉，千层台阁亚类。下方花外瓣2轮，倒卵形，端部浅齿裂，内轮瓣稍小，雄蕊大部分瓣化，雌蕊瓣化成红绿相间的彩瓣；上方花花瓣3~4轮，稍小，端部浅齿裂，雌雄蕊变小。花枝较细，花朵直上或侧开。中花品种。

植株中高，半开展形。中型长叶。生长势中等。

‘天山红星’

花白色（CC 4D），微粉，千层台阁亚类。下方花外瓣 2~3 轮，长倒卵形，最外一轮花瓣有红色条纹，端部常齿裂，雄蕊瓣化，雌蕊瓣化为红色彩瓣；上方花花瓣较少，2~3 轮，外轮稍大，内轮较小，雄蕊正常或变小，雌蕊退化变小，柱头红色。花枝中粗，花朵直上。中花品种，偏早。

植株中高，直立形。小型长叶，叶背被毛。生长势较强。

‘晚霞’

花粉色（CC 60A），千层台阁亚类。下方花外瓣较大，内瓣渐小，雄蕊瓣化或退化，雌蕊瓣化成红色彩瓣；上方花花瓣较少，雌雄蕊退化变小，柱头浅紫红色。花枝较粗，花朵直上。中花品种，偏晚。

植株中高，直立形。中型长叶。生长势强。

‘幸福满园’

花红色（CC 68A），微紫，千层台阁亚类。下方花花瓣多轮，倒卵形，大小近似，端部浅齿裂，大部分雄蕊瓣化，雌蕊瓣化成彩瓣；上方花花瓣少，雌雄蕊退化变小，柱头粉红色。花枝中粗，花朵直上。中花品种。成花率高，开花量大。

植株中高，直立形。中型长叶。生长势中等。

‘绣桃花’

花粉色（CC 65B），千层台阁亚类。下方花外瓣大，2 轮，卵形，内瓣稍小，为雄蕊瓣化瓣，雌蕊瓣化成端部紫红色的彩瓣；上方花花瓣较少，雌雄蕊退化变小，柱头红色。花枝中粗，花朵侧开。中花品种。

植株较高，半开展形。中型圆叶，生长势强。

‘雪山红梅’

花白色（CC 157D），彩瓣有紫红色（CC 72A）斑纹，千层台阁亚类。下方花较大，具少量正常雄蕊，雌蕊瓣化为具有紫红色斑纹的彩瓣；上方花常发育不充分，花瓣轮数较少，花心处具少量正常雄蕊，雌蕊 3~4 枚，退化变小，心皮中等被毛，柱头粉红色。花蕾圆球形，不绽口。花枝粗壮，浅紫红色，花朵直上。中花品种。

植株中高，半开展形。小叶阔披针形，叶背被毛。生长势强。本品种与‘天山红星’‘雪原红花’相近，主要区别在于本品种花枝为浅紫红色。

‘雪山红星’

花粉白色（CC 4D），千层台阁亚类。下方花花瓣多轮，端部常 1~2 齿裂，倒卵形，雄蕊大部分瓣化，少量正常雄蕊杂于瓣间，雌蕊瓣化成红白相间的彩瓣；上方花花瓣 3~5 轮，雌雄蕊退化变小，柱头粉色。花枝中粗，花朵侧开或直上。中花品种，偏晚。

植株较高，直立形。小型长叶，叶背被疏毛。生长势强。

‘雪原红花’

花粉白色（CC 155D），千层台阁亚类。下方花外瓣2~3轮，卵圆形，端部常浅裂或齿裂，雄蕊大部分瓣化，雌蕊瓣化成紫红色或端部紫红色的花瓣；上方花花瓣较少，雌雄蕊退化变小，心皮被毛，柱头红色。花枝中粗，有紫晕，花朵直上或侧开。中花品种，偏早。

植株高大，半开展形。中型长叶，叶背被疏毛。生长势强。

‘艳丽花展笑’

花粉蓝色（CC 66C），周缘较浅。千层台阁亚类。下方花的花瓣整齐平展排列，自外向内渐小，具少量正常雄蕊，雌蕊退化或瓣化；上方花发育不充分，较小，花心处具正常雄蕊，雌蕊约5枚，较小，心皮中等被毛，柱头米白色。花蕾圆球形，不绽口。花枝较硬，花朵侧开。中花品种。

植株较低矮，半开展形。小叶长椭圆形，较粗糙；茎秆下部及叶背均被毛。生长势中等。

‘英模红’

花浅紫红色（CC 67B），千层台阁亚类。下方花花瓣多轮，长卵形，端部浅齿裂，部分雄蕊正常，杂于瓣间，雌蕊瓣化成质地较厚的花瓣；上方花花瓣少且小，雌雄蕊较正常，柱头紫红色。花枝中粗，花朵直上。早花品种。

植株高大，直立形。中型长叶。生长势强。

‘玉花龙’

花白色（CC 4B），千层台阁亚类。下方花外瓣有紫红色条纹，雄蕊大部分瓣化，雌蕊瓣化为端部红色的花瓣；上方花花瓣较少，2~3 轮，雌雄蕊退化变小，柱头粉色。花枝中粗，花朵直上或侧开。早花品种，

植株高，半开展形。中型长叶，叶背被疏毛。生长势强。

‘玉墨’

花墨紫红色（CC 60A），千层台阁亚类。下方花外瓣稍大，倒卵形，向内渐小，雄蕊大部分瓣化，雌蕊瓣化为较短的硬瓣，有时有白色斑纹；上方花花瓣少，雌雄蕊退化变小，柱头红色。花枝粗硬，花朵直上。不耐日晒，易黑边。早花品种。

植株高大，直立形。小型圆叶。生长势强。

‘月照山河’

花粉色（CC 74B），千层台阁亚类。下方花花萼也有少量瓣化彩瓣，外瓣 2 轮，倒卵形，较宽大，向内减小，雄蕊大部分瓣化，雌蕊瓣化为端部红色的彩瓣；上方花花瓣较小，端部齿裂发白，向内抱合，雌雄蕊退化变小。花枝细硬，花朵直上侧开。中花品种。

植株中高，半开展形。大型长叶。生长势强。

‘赵园彩霞’

花浅粉色（CC N74D），微紫，千层台阁亚类。下方花外瓣颜色稍深，倒卵形，自外向内依次渐小，内瓣颜色稍浅，部分雄蕊瓣化，少量雄蕊杂于瓣间，雌蕊瓣化或退化；上方花花瓣少而小，雌雄蕊较正常。花枝中粗，花朵侧开。中花品种。

植株中高，半开展形。中型长叶。生长势强。

‘朱砂点玉’

花粉白色（CC N155C），千层台阁亚类。下方花花瓣多轮，外瓣稍大，向内渐小，雄蕊大部分瓣化，雌蕊瓣化成端部红色的花瓣；上方花花瓣较少，雌雄蕊退化变小。花枝中粗，花朵直上或侧开。中花品种。

植株中高，半开展形。中型长叶。生长势中等。

‘珠光’

花红色（CC 61A），千层台阁亚类。下方花花瓣多轮，花瓣大小基本一致，倒卵形，雄蕊大部分瓣化，少量正常的雄蕊杂于瓣间，雌蕊瓣化成红色硬瓣；上方花比较小，层叠，雌雄蕊退化变小，柱头粉色。花枝中粗，花朵侧开或斜伸向上。中花品种。

植株较高，半开展形。小型长叶。生长势强。

‘紫蝶系金’

花浅粉紫色（CC 67C），千层台阁亚类。下方花外瓣大，2 轮，端部常齿裂，花瓣向内依次变小，端部浅齿裂，颜色浅，部分雄蕊正常杂于瓣间，雌蕊瓣化为浅绿色彩瓣；上方花花瓣少且大小不一，雌雄蕊退化变小。花枝中粗，花朵侧开。中花品种。

植株中高，半开展形。中型长叶，生长势中等。

‘紫凤朝阳’

花紫红色（CC 57A），千层台阁亚类。下方花外瓣 2~3 轮，倒卵形，雄蕊部分瓣化为小瓣，雌蕊瓣化成绿色彩瓣；上方花花瓣 3~4 轮，花瓣有光泽，雌雄蕊退化变小，心皮绿色，柱头粉白色。花枝中粗，花朵直上，花蕾圆球形，无绽口，常有侧蕾 2~3 个。开花量大，成花率高。中花品种。

植株较矮，直立形。小型长叶，茎秆、叶柄浅紫红色。生长势中等。也有人认为该品种是传统品种。

‘紫红阁’

花紫红色（CC 61A），千层台阁亚类。下方花花瓣多轮，自外向内渐小，雄蕊罕见，雌蕊退化或瓣化；上方花较下方花略小；雄蕊仅见极少量，雌蕊约 5 枚，退化变小，心皮光滑，柱头米黄色。花蕾圆球形，不绽口，侧蕾多，2~4 个。花枝较粗硬，花朵直上。中花品种。

植株中高，直立形。小叶叶背无毛。生长势强。

‘紫绫金袍’

花紫红色（CC 61A），千层台阁亚类。下方花外瓣 2 轮，倒卵形，内瓣较小，大部分雄蕊瓣化，少量雄蕊杂于瓣间，雌蕊瓣化；上方花花瓣稍大，瓣端浅齿裂，雄蕊部分瓣化，部分正常，雌蕊退化变小，心皮 2~3 枚。花枝较细，侧蕾 1~2 个，花蕾圆球形，无绽口，花朵侧开。中花品种。

植株较矮，半开展形。小型圆叶。生长势中等。

‘紫檀镶玉’

花紫红色（CC 61B），千层台阁亚类。下方花外瓣 2 轮，稍大，雄蕊大部分瓣化，少量正常的雄蕊杂于瓣间，雌蕊瓣化为浅红色彩瓣；上方花 3~4 轮，雌雄蕊正常或变小。花枝中粗，有较均匀的紫晕，花朵侧开。早花品种。

植株中高，直立形。小型圆叶，深绿色。生长势强。

‘紫艳披霜’

花浅紫红色（CC 60D），微紫，千层台阁亚类。下方花花瓣 3~5 轮，雄蕊大部分瓣化，雌蕊瓣化成小彩瓣或与花瓣同色；上方花花瓣较少，3~4 轮，雌雄蕊退化变小，柱头粉色。花枝较粗，花朵直上或侧开。中花品种。

植株高大，半开展形。中型长叶。生长势强。

楼子台阁亚类

‘白玉楼’

花白色（CC N155D），初开微粉；楼子台阁亚类。外瓣 2 轮，椭圆状卵形，端部常缺刻；下方花雄蕊瓣化，瓣化瓣端部不规则齿裂，雌蕊瓣化成绿色彩瓣；上方花花瓣由外向内逐渐变小，雄蕊大部分瓣化，雌蕊退化变小或消失。花枝中粗，花朵侧开。开花量中等。中花品种。

植株中高，半开展形。中型长叶，小叶叶缘稍上卷，微波曲。生长势中等。

‘曹州红’

花紫红色（CC 58B），楼子台阁亚类。下方花雄蕊大部分瓣化，少量残留，雌蕊瓣化成彩瓣或同色花瓣；上方花外瓣较大，内瓣较小，雌雄蕊退化变小。花枝中粗，有紫晕，花朵侧开。中花品种。

植株中高，半开展形。叶柄有紫晕，叶缘稍上卷。生长势中等。

‘迟粉’

花粉色（CC 69D），楼子台阁亚类。下方花外瓣大，3 轮，倒卵形，端部中央常有一缺刻，内瓣较小，为雄蕊瓣化瓣，雌蕊瓣化成绿色彩瓣或与花瓣同色；上方花花瓣 3~5 轮，自外向内依次变小，雌雄蕊退化变小。花枝中粗，花朵侧开。晚花品种。

植株较高，半开展形。中型长叶。生长势强。

‘大红赤金’

花紫红色（CC 57A），楼子台阁亚类。下方花外瓣 2~3 轮，阔倒卵形，雄蕊部分瓣化，花丝橘黄色，雌蕊瓣化；上方花花瓣较少，少量雄蕊，雌蕊退化变小，柱头白色，心皮 3~5 枚。花枝中粗，花朵侧开。中花品种，偏早。

植株较高，半开展形。小型长叶，叶缘波曲，叶背被毛。生长势较强。

‘大叶粉’

花粉色（CC 62D），楼子台阁亚类。下方花外瓣 2~3 轮，颜色稍深，卵圆形，雄蕊瓣化为小瓣，少量正常的雄蕊杂于瓣间，雌蕊瓣化为具有红色条纹的花瓣；上方花花瓣较少而小，雄蕊趋于退化，花丝白色，雌蕊较正常，柱头红色。花枝中粗，花朵直上。早花品种。

植株较高，半开展形。中型圆叶。生长势强。

‘豆蔻’

花粉蓝色（CC 73B），楼子台阁亚类。下方花外瓣大，2 轮，倒卵形，浅粉蓝色，较内瓣颜色稍深，内瓣为雄蕊瓣化的小瓣，浅粉色，微蓝，端部浅齿裂，少量雄蕊杂于瓣间，雌蕊瓣化成红色彩瓣，藏于瓣间；上方花花瓣较少，雌雄蕊退化变小。花枝较粗，花朵直上。中花品种。

植株较高，直立形。中型长叶。生长势强。

‘妒花魁’

花粉色（CC N66D），楼子台阁亚类。下方花外瓣 2 轮，稍大，倒卵形，内瓣稍小，与外瓣差别不大，端部浅齿裂，雄蕊大部分瓣化，花瓣层叠密集，雌蕊瓣化成绿色彩瓣；上方花花瓣较少，自外向内依次变小，雌雄蕊退化变小。花枝中粗，花朵直上或侧开。中花品种。

植株中高，半开展形。中型长叶。生长势中等。

‘粉池滴翠’

花浅粉色（CC 66D），楼子台阁亚类。下方花外瓣 2 轮，稍大，倒卵形，雄蕊全部瓣化，雌蕊瓣化成绿色彩瓣；上方花花瓣较少，雄蕊正常，花丝黄色，雌蕊退化变小，柱头白色。花枝中粗而软，花蕾圆球形，无绽口，花朵下垂。晚花品种。

植株中高，开展形。小型长叶，叶缘波曲上卷，叶背被毛。生长势中等。

‘粉池金鱼’

花浅粉色（CC 62C），楼子台阁亚类。萼片端部和下方花外瓣 2 轮，常有紫红色条纹，雄蕊全部瓣化，雌蕊瓣化成质地厚硬的紫红色花瓣；上方花花瓣较少，残留少量雄蕊，花丝黄色，雌蕊退化变小，柱头红色。花蕾圆球形。花朵直上。开花量较大。中花品种。

植株中高，直立形。小型长叶，叶缘稍波曲，叶背被毛。生长势中等。

'粉翠球'

花粉色（CC N66C），楼子台阁亚类。下方花外瓣2轮，倒卵形，内瓣较小，为雄蕊瓣化瓣，少量正常的雄蕊杂于瓣间，雌蕊瓣化瓣与花瓣同色或端部稍有红色彩瓣痕迹；上方花花瓣自外向内依次变小，端部浅齿裂明显，雌雄蕊退化变小，柱头红色。花枝中粗，花朵侧开，侧蕾2~3个。中花品种。

植株较高，半开展形。中型长叶。生长势强。

‘粉楼翠羽’

花粉色（CC 63C），楼子台阁亚类。下方花外瓣2轮，阔倒卵形，平展，内瓣为雄蕊瓣化瓣，大部分雄蕊瓣化，少量正常雄蕊杂于瓣间，雌蕊瓣化为端部绿色的彩瓣；上方花花瓣较少，2~3轮，雌雄蕊退化变小，心皮2~4枚，被毛，柱头浅黄色。花蕾球形，侧蕾2~3个。花枝中粗，花朵侧开。中花品种，偏晚。

植株中高，半开展形。中型长叶，叶背被疏毛。生长势中等。

‘粉楼红妆’

花粉色（CC 63C），楼子台阁亚类。下方花花瓣大小近似，无内外瓣之分，层叠密集，雄蕊大部分瓣化，雌蕊瓣化成绿色彩瓣；上方花花瓣自外向内依次变小，端部浅齿裂，雌雄蕊退化变小或消失。花枝中粗，花朵侧开。晚花品种。

植株较矮，开展形。中型长叶。生长势中等。

‘粉面桃花’

花粉色（CC 65D），楼子台阁亚类。下方花颜色稍深，无内外瓣之分，雄蕊全部瓣化，雌蕊瓣化为绿色彩瓣；上方花花瓣自外向内依次变小，雄蕊部分瓣化，雌蕊退化变小，柱头白色。花蕾圆球形，无绽口。花枝中粗，花朵侧垂。中花品种，偏晚。

植株较高，半开展形。小型圆叶，小叶阔披针形。生长势强。

‘粉玉楼’

花粉白色（CC N155B），楼子台阁亚类。下方花花瓣大小近似，无内外瓣之分，花瓣端部浅齿裂，雄蕊大部分瓣化，雌蕊瓣化成绿色彩瓣；上方花花瓣自外向内依次变小，雌雄蕊退化变小，柱头乳白色。花蕾圆球形，绽口，花枝中粗而软，花朵侧垂。晚花品种。

植株中高，开展形。中型长叶，浅绿色。生长势中等。

‘富贵红’

花红色（CC 61B），楼子台阁亚类。下方花花瓣大小近似，雄蕊大部分瓣化，雌蕊瓣化成小花瓣或浅绿色彩瓣；上方花花瓣较少，雌雄蕊退化变小，心皮3~5枚，柱头浅粉色。花枝中粗而长，花朵直上或侧开。晚花品种。

植株较高，半开展形。小型长叶。生长势强。

‘贵妃插翠’

花浅粉色（CC 65D），楼子台阁亚类。下方花外瓣大，2 轮，倒卵形，内瓣稍小，雄蕊大部分瓣化，雌蕊瓣化成同色花瓣或绿色彩瓣；上方花花瓣自外向内依次变小，雄蕊瓣化或退化，雌蕊退化变小，柱头粉白色。侧蕾 2~3 个。花枝中粗，花朵侧开。中花品种，偏早。

植株中高，半开展形。中型长叶。生长势中等。

‘国红’

花紫红色（CC N57C），楼子台阁亚类。下方花外瓣 2 轮，倒卵形，平展，内瓣为雄蕊瓣化的小瓣，雌蕊瓣化与花瓣同色；上方花花瓣 3~5 轮，雌雄蕊退化变小或消失。花枝中粗，侧蕾少，花朵侧开。中花品种。

植株高大，半开展形。大型长叶，小叶长椭圆形，叶缘波状，内卷；叶背被毛。生长势强。

‘黑海波涛’

花墨紫红色（CC N57A），楼子台阁亚类。下方花外瓣大，2 轮，倒卵形，质地较厚，内瓣稍小，雄蕊大部分瓣化，少量雄蕊杂于瓣间，雌蕊瓣化成质地较硬的彩瓣；上方花花瓣较少，雌雄蕊退化变小，柱头红色。花枝粗硬，花朵直上。中花品种，偏早。

植株中高，直立形。中型长叶。生长势强。

‘红凤换羽’

花浅紫红色（CC 64B），楼子台阁亚类。下方花外瓣大，2 轮，倒卵形，内瓣为雄蕊瓣化的带形花瓣，粉色，端部齿裂粉白色；上方花外瓣大，2 轮，内为雄蕊瓣化的针状小瓣，雌蕊正常，心皮被毛，柱头红色。花蕾圆球形，无绽口。花枝中粗，花朵直上。中花品种。

植株中高，直立形。小型长叶，深绿色，叶背被毛。生长势强。

‘红楼梦’

花为艳丽的红色（CC 66B），有光泽，楼子台阁亚类。下方花外瓣 4~6 轮，倒卵形，内瓣由雄蕊瓣化而来，匙形，端部有明显扭曲的花药痕；上方花花瓣较少，倒卵形，直立或内抱排列。花蕾杯状，绽口。花枝较硬，花朵直上或侧开。中花品种。

植株中高。小叶披针形，内卷，叶背无毛。生长势强。

‘湖光山色’

花粉色（CC 65C），楼子台阁亚类。下方花花瓣大小基本一致，无大小之分，雄蕊全部瓣化，雌蕊瓣化为绿色彩瓣；上方花花瓣自外向内逐渐变小，雌雄蕊正常，心皮 3~5 枚，被毛，柱头粉红色。花枝较粗，花朵侧开。中花品种。

植株较高，半开展形。小型长叶。生长势较强。

‘湖水荡霞’

花粉色（CC 66C），微蓝，楼子台阁亚类。下方花无内外瓣之分，雄蕊大部分瓣化，雌蕊瓣化瓣端部小部分红色彩瓣；上方花花瓣近同下方花，雄蕊部分正常，雌蕊退化变小，心皮 3~5 枚，柱头红色。花枝有不均匀紫晕，花朵侧开。花蕾圆球形，无绽口，侧蕾 2~3 个。开花量大，中花品种，偏早。

植株高大，半开展形。小型长叶，小叶叶背被毛。生长势强。

‘金带环娇’

花复色，楼子台阁亚类。下方花外瓣大，2 轮，浅粉紫色（CC 73B），倒卵形，边缘微皱，端部浅齿裂，雄蕊全部瓣化为黄色针状小瓣（CC 12C），雌蕊瓣化为紫红色彩瓣；上方花花瓣少，2~3 轮，雌雄蕊正常，柱头紫红色。

植株较高，半开展形。中型长叶。生长势强。

‘昆山霞光’

花白色，微粉（CC 159D），楼子台阁亚类。下方花外瓣 2 轮，长倒卵形，内瓣为稍小的雄蕊瓣化瓣，雌蕊瓣化为浅绿色花瓣；上方花花瓣较少且小，雌雄蕊变小，心皮 3~5 枚，被毛，柱头浅黄色。花枝较细，花朵侧垂。中花品种。

植株中高，开展形。大型长叶，叶背被疏毛。生长势较弱。

‘蓝田碧玉’

花粉蓝色（CC N66D），微紫，楼子台阁亚类。下方花花瓣多轮，大小近似，端部浅齿裂，雄蕊瓣化，雌蕊瓣化成绿色彩瓣；上方花花瓣自外向内依次变小，端部齿裂，向内抱合，雌雄蕊退化变小。花枝中粗，花朵侧垂。晚花品种。

植株中高，开展形。中型长叶。生长势中等。

‘蓝田飘香’

花粉蓝色（CC 66C），楼子台阁亚类。下方花外瓣大，2 轮，倒卵形，内瓣为稍小的雄蕊瓣化瓣，雌蕊瓣化成彩瓣；上方花花瓣 2~3 轮，较小，雄蕊变小，较正常，雌蕊正常，心皮 3~4 枚，柱头白色。花枝中粗，花朵侧开或直上。中花品种。

植株稍高，直立形。小型长叶。生长势较强。

‘菱花晨浴’

花粉色（CC 69B），微蓝，楼子台阁亚类。下方花外瓣 2 轮，倒卵形，较平展，内瓣较小，为雄蕊瓣化瓣，端部齿裂，雌蕊瓣化成粉绿色彩瓣；上方花花瓣较少，2~3 轮，雄蕊退化变小或消失，雌蕊退化变小，心皮 3~5 枚，柱头浅黄色。花蕾圆球形，侧蕾 2~4 个，花枝中粗，花朵侧开。中花品种，偏晚。

植株中高，半开展形。中型长叶。生长势中等。

‘满园春光’

花深粉红色（CC 63B），楼子台阁亚类。下方花外瓣大，2轮，倒卵形，端部浅齿裂，内瓣较小，为雄蕊瓣化瓣，雌蕊瓣化；上方花花瓣较小，部分雄蕊瓣化，端部浅齿裂，雌蕊和部分雄蕊退化变小。花枝中粗，花朵直上。中花品种，偏晚。

植株中高，直立形。小型长叶。生长势中等。

‘平顶紫’

花浅紫红色（CC 61B），楼子台阁亚类。下方花花瓣多轮，大小近似，层叠密集，端部浅齿裂，雄蕊瓣化，雌蕊瓣化成端部浅绿色的花瓣；上方花花瓣较少，自外向内依次变小，端部浅齿裂，雌雄蕊退化变小或消失。花朵顶部平整。花枝较粗，花朵直上。中花品种，偏晚。

植株中高，直立形。中型长叶。生长势强。

‘晴空万里’

花粉色（CC 67C），楼子台阁亚类。下方花外瓣大，2 轮，长倒卵形，内瓣小，雄蕊大部分瓣化，雌蕊瓣化成彩瓣或与花瓣同色；上方花外瓣稍大，向内减小，雌雄蕊退化变小，心皮 3~5 枚，被毛，柱头乳白色。花枝中粗而硬，有紫晕，花朵直上或斜伸向上。中花品种。

植株高大，半开展形。中型长叶。生长势强。

‘山河红’

花紫红色（CC 61A），楼子台阁亚类。下方花外瓣2轮，宽大圆整，稍皱褶，内瓣为较小的雄蕊瓣化瓣，端部齿裂，雌蕊瓣化为彩瓣；上方花花瓣3~4轮，自外向内依次变小，有少量正常的雄蕊，雌蕊退化变小，心皮2~4枚，被毛，柱头乳白色。侧蕾2~3个，花枝中粗，花朵直上。中花品种。

植株中高，直立形。中型长叶。生长势强。

‘胜桃花’

花粉红色（CC NN74B），微紫，楼子台阁亚类。下方花外瓣2轮，倒卵形，平展，内瓣为雄蕊瓣化瓣，稍小，雄蕊大部分瓣化，雌蕊瓣化成花瓣；上方花花瓣少且小，雌雄蕊退化变小。侧蕾2个。花枝中粗，花朵侧开。中花品种。

植株中高，半开展形。中型长叶。生长势强。

‘似春红’

花粉红色（CC 68A），楼子台阁亚类。下方花花瓣多轮密集层叠，长倒卵形，雄蕊全部瓣化，雌蕊瓣化，有时呈彩瓣；上方花花瓣自外向内依次变小，雌雄蕊退化变小或消失。侧蕾 2 个。花枝较粗，花朵侧开。中花品种。

植株较高，半开展形。中型长叶。生长势强。

‘天女散花’

花紫红色（CC N57B），楼子台阁亚类。下方花外瓣大，3 轮，阔倒卵形，内为雄蕊瓣化的小瓣，端部浅齿裂，雌蕊瓣化为彩瓣；上方花花瓣自外向内依次变小，端部浅齿裂，稍内合，雌雄蕊正常，雌蕊变小，柱头白色。花枝中粗，花朵侧开。晚花品种。

植株中高，半开展形。中型长叶。生长势强。

‘西施蓝’

花粉蓝色（CC 68C），楼子台阁亚类。下方花外瓣大，2轮，阔倒卵形，平展，内瓣为雄蕊瓣化的小瓣，端部浅齿裂，颜色稍浅，雌蕊瓣化，偶成彩瓣；上方花花瓣较少，自外向内依次变小，雌雄蕊退化变小。柱头粉红色。花枝中粗，花朵直上或侧开。中花品种，偏晚。

植株中高，半开展形。中型长叶。生长势中等。

‘夕霞映雪’

花粉紫色（CC 67B），楼子台阁亚类。下方花外瓣大，2轮，倒卵形，端部浅齿裂，内瓣为雄蕊瓣化瓣，层叠高耸，雌蕊瓣化，有时呈端部绿色的彩瓣；上方花花瓣少且小，雌雄蕊退化变小。花枝较细，花朵直上或侧开。中花品种。

植株中高，半开展形。中型长叶。生长势中等。

‘向天歌’

花粉色（CC N66D），微紫，楼子台阁亚类。下方花外瓣大，2 轮，倒卵形，边缘微皱，内瓣稍小，为雄蕊瓣化瓣，雌蕊瓣化，端部浅齿裂；上方花花瓣较少，雌雄蕊退化变小。花蕾圆球形。花枝中粗，花朵直上或侧开。中花品种。

植株中高，半开展形。中型长叶。生长势中等。

‘杏花露霜’

花浅粉色（CC 62C），楼子台阁亚类。下方花外瓣 2 轮，颜色稍深，浅粉紫色，倒卵形，内瓣稍小，为雄蕊瓣化瓣，浅粉色，端部浅齿裂，雌蕊瓣化成端部紫红色边缘的浅粉色花瓣；上方花花瓣少且小，雌雄蕊退化变小，柱头紫红色。花枝中粗，花朵侧开。中花品种。

植株稍高，半开展形。中型长叶。生长势中等。

‘银边红阁’

花红色（CC 67A），楼子台阁亚类。下方花花瓣大小近似，雄蕊大部分瓣化，雌蕊瓣化与花瓣同色；上方花花瓣 4~6 轮，雌雄蕊退化变小，心皮 3~5 枚，柱头浅黄色；全花花瓣端部边缘发白。花枝中粗，花朵直上。中花品种。

植株高大，直立形。小型长叶。生长势中等。

‘银红碧波’

花红色（CC 58C），楼子台阁亚类。下方花花瓣多轮，密集紧凑，无内外瓣之分，端部浅齿裂，大部分雄蕊瓣化，少量正常的雄蕊杂于瓣间，雌蕊瓣化成绿色彩瓣；上方花花瓣较少，自外向内依次变小，雌雄蕊退化变小或消失。花枝较细，花朵侧开。中花品种。

植株中高，半开展形。中型长叶。生长势中等。

‘银龙含珠’

花白色（CC 155D），楼子台阁亚类。下方花外瓣 2 轮，阔倒卵形，内为雄蕊瓣化的小瓣；上方花花瓣稍大于下方花内瓣，雄蕊正常，花丝黄色，雌蕊退化变小，柱头白色。花枝较粗而软，浅紫红色，花朵侧开。早花品种。

植株中高，半开展形。小型长叶。生长势中等。

‘迎客红’

花紫红色（CC 64A），楼子台阁亚类。下方花外瓣 2 轮，稍大，倒卵形，内瓣为雄蕊瓣化瓣，雌蕊瓣化；上方花花瓣 3~4 轮，雌雄蕊退化变小。花枝中粗，花朵侧开。中花品种，偏晚。

植株较矮，半开展形。小型长叶。生长势中等。

‘鱼鳞红’

花紫红色（CC 71B），楼子台阁亚类。下方花外瓣 2 轮，倒卵形，内瓣较小，雄蕊部分瓣化，部分雄蕊正常，雌蕊瓣化成红绿相间的彩瓣，花瓣层叠密集；上方花花瓣较少，3~4 轮，雄蕊退化变小，雌蕊较正常，心皮 3~5 枚，柱头乳白色。花蕾卵形，花枝中粗，有紫晕，花朵侧开。中花品种。

植株中高，半开展形。小型长叶，叶缘稍波曲。生长势强。

‘枣红’

花紫红色（CC 58B），楼子台阁亚类。下方花外瓣稍大，倒卵形，内瓣稍小，为雄蕊瓣化瓣，端部浅齿裂，稍波曲，颜色发白，雌蕊瓣化成红白相间的彩瓣；上方花花瓣少且直立，雌雄蕊退化变小。花枝中粗，花朵直上。中花品种。

植株中高，直立形。中型长叶，翠绿色，叶背被疏毛。生长势中等。

‘赵园粉’

花粉色（CC 63C），楼子台阁亚类，下方花外瓣2轮，颜色稍深（63C），内瓣颜色浅粉色（74D），雄蕊大部分瓣化，雌蕊瓣化，偶成绿色小瓣；上方花浅粉色，雄蕊大部分瓣化，残留少量雄蕊，花丝、花药均为黄色，柱头黄绿色，心皮光滑。花蕾圆球形，常有一个侧蕾，花朵侧开。开花量大。中花品种。

植株较高，直立形。茎有紫晕，中型长叶。生长势较强。

‘种生粉’

花浅粉色（CC 11D），楼子台阁亚类。下方花外瓣2~3轮，宽大平展，倒卵形，雄蕊瓣化为小花瓣，雌蕊瓣化或退化；上方花花瓣较小而少，有少量正常的雄蕊，雌蕊稍退化，心皮3~5枚，柱头浅粉白色。花枝中粗，花朵侧开。成花率高，开花量大。中花品种。

植株较高，半开展形。小型长叶。生长势强。

‘珠峰点霞’

花白色（CC NN155D），楼子台阁亚类或皇冠型。下方花外瓣大，2 轮，倒卵形，端部有一浅裂，内瓣为雄蕊瓣化的小瓣，端部浅齿裂，雌蕊瓣化成绿色彩瓣；上方花花瓣少，雌雄蕊退化变小，柱头红色。花枝中粗，花朵直上。中花品种，偏晚。

植株中高，直立形。中型长叶。生长势中等。

‘竹叶红’

花紫红色（CC 60A），楼子台阁亚类。下方花花瓣大小基本均匀，无内外瓣之分，雄蕊全部瓣化，雌蕊瓣化成绿色彩瓣；上方花花瓣自外向内渐小，雄蕊正常，雌蕊退化变小，柱头白色。花枝中粗，花朵直上。花蕾圆球形，无绽口。中花品种。

植株中高，直立形。小型长叶，小叶狭长，形似竹叶。生长势中等。

‘紫楼’

花紫红色（CC 59A），楼子台阁亚类。下方花外瓣大，2 轮，倒卵形，内瓣小，为雄蕊瓣化瓣，瓣端浅齿裂，雌蕊常瓣化为较厚硬的紫红色花瓣；上方花大部分雄蕊瓣化，有少量雄蕊残存，雌蕊变小，柱头紫红，心皮有毛。花蕾圆球形，侧蕾较少，无裂口。开花量较大，花朵直上。中花品种。

植株较高，直立形。小型长叶，叶缘波曲稍上卷。生长势强。

‘紫绒魁’

花紫红色（CC 67C），楼子台阁亚类。下方花外瓣大，2 轮，长倒卵形，内瓣渐小，为雄蕊瓣化瓣，端部浅齿裂，大部分雄蕊瓣化，雌蕊瓣化；上方花花瓣较少，向内抱合，雌雄蕊退化变小。花枝粗硬，花朵直上或侧开。中花品种。

植株高，半开展形。中型长叶。生长势中等。

‘紫霞映雪’

花浅紫红色（CC 67A），楼子台阁亚类。下方花外瓣 2 轮，倒卵形，雄蕊部分瓣化，雌蕊瓣化为小彩瓣；上方花花瓣 3~4 轮，雌雄蕊正常，心皮 3~5 枚，柱头粉色。侧蕾少，花枝中粗，花朵侧开。早花品种。

植株中高，半开展形。小型长叶，叶背被毛。生长势中等。

芍药插花作品欣赏

娄尾春——梁勤璋

盼——秦魁杰

看今朝——王莲英

满腹经纶气自华——谢晓荣

春潮涌动——张贵敏

风和日丽——梁勤璋

花团锦簇——梁勤璋

花相——张贵敏

金枝玉叶——孙炜

姐妹探春——梁勤璋

夏日初韵——梁勤璋

殿尾花香——梁勤璋

花相出宫——梁勤璋

凝望——张贵敏

水边的浪漫——张贵敏

水中花——秦雷

探春——张贵敏

舞——谢晓荣

夏日里的浪漫——张燕

香韵京城——王莲英

迎春——谢晓荣

欲上青天揽月——谢晓荣

翘首相盼——谢晓荣

春满晓枝——谢晓荣

满室香——谢晓荣

妖娆——谢晓荣

一“篮”春光——王莲英

一览春色——谢晓荣

争春——谢晓荣

只把春来报——谢晓荣

参考文献

洪德元 . 世界牡丹和芍药研究 : 兼论分类学的基本原理 [M]. 北京 : 科学出版社 , 2024.

李嘉珏 . 中国牡丹与芍药 [M]. 北京 : 中国林业出版社 , 1997.

李清道 , 蒋勤 . 芍药图谱 [M]. 北京 : 中国农业出版社 , 2004.

潘开玉 . 毛茛科芍药亚科 芍药属 [M]// 中国科学院中国植物志编辑委员会编 . 中国植物志 . 北京 : 科学出版社 .

秦魁杰 , 李嘉珏 . 芍药 [M]. 上海 : 上海科学技术出版社 , 2000.

汪松 , 解焱 . 中国物种红色名录 [M]. 北京 : 高等教育出版社 , 2004.

BRICKELL C D, ALEXANDER C, CUBEY J J, et al. International Code of Nomenclature for Cultivated Plants [M]. 9th edition. The Netherlands: International Society for Horticultural Science (ISHS), 2016.

HONG D Y, PAN K Y, NICHOLAS J T. Paeoniaceae[M]// Flora of China Editorial Committee. Flora of China. Beijing: Science Press.

HONG D Y, ZHOU S L. *Paeonia* (Paeoniaceae) in the Caucasus[J]. Botanical Journal of the Linnean Society, 2003, 143(2): 135–150.

HONG D Y. Peonies of the world: Part III Phylogeny and evolution [M]. Volume 3. Kew: Royal Botanic Gardens, 2021.

HONG D Y. Peonies of the world: Taxonomy and phytogeography[M]. Kew: Royal Botanic Gardens, 2010.

VERMA R S, PADALIA R C, CHAUHAN A, et al. Essential oil composition of Himalayan peony (*Paeonia emodi* Royle)[J]. Journal of Essential Oil Research, 2015, 27(6): 477–480.

品种名称索引

Y

Z